普通高等教育公共基础课系列教材·计算机类
程序设计基础课程系列教材

案例式程序设计基础
（C语言版）

主　编　胡新荣　何　凯　孔维广

副主编　彭　涛　魏媛媛　朱　萍　陈常念

　　　　聂　刚　张自力　李　帆　鲁伟军

科学出版社

北　京

内 容 简 介

本书作为程序设计类课程的基础入门教材，以培养计算思维为主线，以提升实践能力为目标，以案例和问题为切入点导入章节内容，重点讲解程序设计的思想和方法，融入课程思政，提升学习效果。

全书共分为 9 章，按照程序设计思想，将课程内容分为基础、处理和应用 3 个层次。基础层主要介绍数据的表示，包括数据类型、运算符、变量与表达式，以及顺序、分支、循环等基础知识，涉及 1～3 章；处理层主要介绍数据的操作和处理，包括函数、数组、指针和字符串等知识，涉及 4～7 章；应用层主要介绍针对复杂问题的编程应用，包括结构体和文件等知识，涉及 8、9 两章。

本书既可以作为高等学校程序设计相关课程的教材，也可作为 C 语言程序设计爱好者的参考用书。

图书在版编目(CIP)数据

案例式程序设计基础：C语言版/胡新荣，何凯，孔维广主编. —北京：科学出版社，2023.8

(普通高等教育公共基础课系列教材·计算机类)

ISBN 978-7-03-075538-4

Ⅰ.①案… Ⅱ.①胡… ②何… ③孔… Ⅲ. ①C 语言-程序设计-高等学校-教材 Ⅳ.①TP312.8

中国国家版本馆 CIP 数据核字（2023）第 084457 号

责任编辑：杨 昕 戴 薇/责任校对：王万红
责任印制：吕春珉/封面设计：东方人华平面设计部

科 学 出 版 社 出版
北京东黄城根北街 16 号
邮政编码：100717
http://www.sciencep.com
廊坊市都印印刷有限公司 印刷
科学出版社发行 各地新华书店经销

*

2023 年 8 月第 一 版 开本：787×1092 1/16
2024 年 1 月第二次印刷 印张：14 3/4
字数：346 000

定价：53.00 元
（如有印装质量问题，我社负责调换〈 都印 〉）
销售部电话 010-62136230 编辑部电话 010-62138973-2032

前　言

    C 语言程序设计是我国高等学校重要的计算机类基础课程，具有理论知识点多、实践性强等特点。通过本课程的学习，学生不仅要掌握程序设计语言的基础知识，还要通过实践锻炼来培养计算思维，提高解决复杂工程问题的能力。

    新工科背景下的人才培养目标要求人才在具备丰富知识的同时，还应当具备创新意识；不仅要具备实践能力，还要具备创新能力；不仅要能够解决现实生活中的真实问题，还应培养解决问题的新思路、新方法。传统的 C 语言程序设计类教材往往按内容展开，以语法知识讲解为主，再辅以少量的编程实践。学生在学习过程中，经常面临"能听懂，能看懂，就是写不出来"的困惑。因此，本书以培养计算思维为主线，以提升实践能力为目标，以案例和问题为切入点导入章节内容，重点讲解程序设计的思想、方法，辅以相关 C 语言知识。通过案例循序渐进地引出知识点，形成逻辑清晰的脉络和主线，并将案例内容与实践紧密结合起来，同时融入课程思政内容，以更好地提升学习效果。

    全书共分为 9 章，按照程序设计思想，将课程内容分为基础、处理和应用 3 个层次，以便帮助学生理解本课程的教学内容及各知识点之间的逻辑关系，建立良好的认知结构。在编写具体章节时，首先通过案例导入章节内容；然后分解案例，引入章节的知识点，逐步求解，重点突出计算思维和能力的培养；最后通过对综合问题的编程实现，说明如何通过各个知识点的应用来解决复杂问题。按照"照写—仿写—改写"的思路，逐步提高编程实践能力。

    C 语言程序设计是一门注重实践的课程，在学习过程中难免会遇到困难和问题，需要多思考，勤练习，主动积极地解决问题并总结经验。

    本书由胡新荣、何凯、孔维广任主编，聂刚、李帆、魏媛媛、鲁伟军、陈常念、张自力、朱萍、彭涛任副主编。参编人员都是长期从事"C 语言程序设计"课程教学的一线教师，他们具有丰富的教学经验。本书在编写过程中参考了国内外相关教材，在此向这些著作的作者们致以衷心的感谢。

    由于编者水平有限，书中难免存在不妥之处，敬请读者批评指正。

编　者

目　　录

第1章 绪   论

C 语言是目前广泛使用的一门程序设计语言，无论是开发系统软件，还是设计应用软件，都可以看到 C 语言的身影。本章介绍程序设计语言的基本概念，C 语言的发展历史及特点，并通过简单的例子介绍 C 语言程序的基本结构和上机运行过程。

1.1   程序设计语言

人与人的交流需要语言，人与计算机的交流同样需要语言，人机交流的语言就是程序设计语言。程序设计语言是一组用来定义计算机程序的语法规则，即程序设计语言必须是计算机能够理解的。程序是由计算机指令构成的序列，计算机按照程序中的指令逐条运行就可以完成相应的操作。用程序设计语言编写的程序称为源程序（source program）或源代码（source code）。

程序设计语言的发展，经历了从机器语言、汇编语言到高级语言的历程。

1. 机器语言

机器语言（machine language）是用二进制代码表示的计算机能直接识别和运行的机器指令的集合。机器语言具有计算机直接运行、速度快和效率高等特点。使用机器语言编写的程序都是用"0"和"1"表示的，不便于交流与合作，即可读性差。不同型号的计算机其机器语言也不相同，按一种型号的计算机机器指令编写的机器语言程序，往往不能在另一种型号的计算机上运行，即可移植性差。

2. 汇编语言

汇编语言（assembly language）采用助记符代表机器语言的操作指令。例如，用"ADD"代表加法，用"MOV"代表传递数据，等等。这样，可以帮助程序员读懂并理解程序，纠错及维护也都变得更方便。由于计算机只能运行机器语言程序，必须将汇编语言程序翻译成机器语言程序才能在计算机上运行，完成翻译任务的程序称为汇编程序（assembler）。

汇编语言指令与机器语言指令是一一对应的，同样十分依赖计算机硬件，移植性不好，但效率仍很高。针对计算机特定硬件而编制的汇编语言程序，能充分发挥计算机硬件的功能和特长。所以，汇编语言至今仍是一种常用的程序设计语言。

3. 高级语言

高级语言是比较接近自然语言和数学语言的程序设计语言。BASIC、C 和 C++等都是高级语言。例如，使用 C 语言求 x、y 中较大值的程序段如下所示：

```
max = x;
if (x < y)
    max = y;
```

计算机只能运行机器语言程序，必须将高级语言程序翻译成机器语言程序才能在计算机上运行，有以下两种翻译方式。

（1）解释方式：即将高级语言程序中的一条语句单独转换成机器语言程序，并立即运行，然后进行下一条语句的转换和运行。采用这种方式的代表是 BASIC 语言。

（2）编译方式：即将高级语言程序中的所有语句作为一个完整单位转换成机器语言程序，然后运行。采用这种方式的代表是 C 语言和 C++语言。

1.2　C 语言概况

1.2.1　C 语言的发展历史

C 语言可以追溯到 ALGOL 60 语言（也称为 A 语言）。

1963 年，英国剑桥大学将 ALGOL 60 语言发展成为组合程序设计语言（combined programming language，CPL）。

1967 年，英国剑桥大学的马丁·理查兹（Matin Richards）对 CPL 语言进行了简化，于是产生了引导组合程序设计语言（bootstrap combined programming language，BCPL）。

1970 年，美国贝尔实验室的肯·汤普森（Ken Thompson）将 BCPL 语言进行了修改，并为它起了一个有趣的名字——B 语言，意思是将 CPL 语言煮干，提炼它的精华，而且用 B 语言编写了第一个 UNIX 操作系统。

1973 年，美国贝尔实验室的丹尼斯 M.里奇（Dennis M.Ritchie）在 B 语言的基础上设计出了 C 语言（取 BCPL 的第二个字母）。C 语言既保持了 BCPL 语言和 B 语言的优点（精练，接近硬件），又克服了它们的缺点（过于简单，数据无类型等）。

为了推广 UNIX 操作系统，1977 年丹尼斯 M.里奇发表了不依赖于具体机器系统的 C 语言编译文本《可移植的 C 语言编译程序》。

1978 年，布莱恩 W.克尼汗（Brian W.Kernighian）和丹尼斯 M.里奇（合称 K&R）出版了影响深远的名著 *The C Programming Language*，从而使 C 语言成为目前世界上使用最广泛的高级程序设计语言。

1983 年，为了创立 C 语言的一套标准，美国国家标准协会（American National Standards Institute，ANSI）组建了一个委员会 X3J11。经过漫长而艰苦的过程，第一个完整的 C 语言标准于 1989 年完成，并称为 ANSI X3.159—1989，"Programming Language C" 正式生效。因为这个标准是 1989 年发布的，所以一般简称 "C89" 标准。有些人也把 "C89" 标准叫做 "ANSI C"，因为这个标准是美国国家标准协会（ANSI）发布的。

1990 年，"C89" 经过一些小的改动后，被国际标准化组织（International Organization for Standardization，ISO）采纳为 ISO/IEC 9899:1990，或称为 "C90"。

1999 年，ISO 制定了 ISO/IEC 9899:1999，并于 2001 年和 2004 年先后进行了两次技术

修正，即 2001 年的 TC1 和 2004 年的 TC2。ISO/IEC 9899:1999 及 TC1、TC2 又称为"C99"。

2011 年，ISO 制定了 ISO/IEC 9899:2011，或称为"C11"。

本书的叙述以"C11"为基础，书中的源程序都在 Microsoft Visual C++（VC）的 C 编译器中编译通过。需要说明的是，VC 默认采用 C++编译器，而 C 语言的语法和 C++ 语言的语法有所差别。为使 VC 采用 C 编译器，在 VC 中创建源文件时应指定扩展名为 ".c"，本书中的 VC 均指采用 C 编译器的 VC。截至 2023 年，VC 仅支持"C90"，支持部分"C99"特性。

1.2.2　C 语言的特点

一种语言之所以能够存在和发展，并具有生命力，必然有其不同于（或优于）其他语言的特点。C 语言的主要特点如下。

（1）C 语言简洁、简便、灵活。C 语言一共有 37 个关键字、9 种控制语句，书写形式较为自由。C 语言的开发效率是汇编语言的几倍甚至几十倍，大大推进了计算机软件的发展。

（2）C 语言的运算符和数据类型丰富。C 语言共有 34 种运算符，数据类型可分为基本类型、构造类型、指针类型、空类型。它们能形成复杂的数据结构。

（3）面向过程的结构化编程语言。利用 C 语言实现算法需要程序员仔细分析和考虑实现过程，这是利用 C 语言实现算法的核心。此外，C 语言通过函数把代码块结构化，层次清晰，便于使用、维护和调试。

（4）目标代码质量高。C 语言比汇编语言的运行效率低了 10%～20%，却带来了高于汇编语言好几倍的开发效率。C 语言的运行效率虽然比汇编语言慢，但是随着计算机硬件的改良，计算机的运行速度不断加快，运行效率的损失已经可以忽略不计。

（5）与汇编语言相比语法更加自由。C 语言的语法贴近人类语言，C 语言的编写比汇编语言更加自由，不受过多的语法限制，能让程序员更加注重实现过程，而不是语法和规范。

（6）可直接访问计算机的物理地址。C 语言继承了汇编语言的特性，可直接访问物理地址，与汇编语言一样十分接近硬件。

（7）C 语言适用范围广，可移植性强。汇编语言的可移植性非常差，不同硬件环境下的汇编语言会有差别。C 语言不同于汇编语言，用 C 语言编写的程序可移植性好，基本上不做修改就能用于各种型号的计算机和操作系统。

C 语言作为计算机的编程语言，具有功能强、效率高、语法简洁等特点，可以广泛应用于应用软件和系统软件的开发。

1.3　程序结构和编程机制

计算机程序是为解决某个或某类问题而编写的计算机可以识别的代码或指令的集合。计算机程序通常是用高级语言编写源程序，包含数据结构、算法、存储方式、编译等，经过语言翻译程序（解释程序和编译程序）转换成机器接受的指令。程序可按其设计目的不同分为两类：一类是系统程序，它是为了使用方便和充分发挥计算机系统效能而设计的程序，通常由计算机制造厂商或专业软件公司设计，如操作系统、编译程序等；另一类是应用程序，它是为解决用户特定问题而设计的程序，通常由专业软件公司或用户自行设计，如账务处理程序、文字处理程序等。

结构化程序设计是一种进行程序设计的原则和方法，结构化程序设计方法在结构上将软件系统按功能划分为若干模块，每个模块按要求单独编程，再将各模块连接或组合起来构成相应的软件系统。结构化程序设计可以使程序具有一个合理的结构，以保证和验证程序的正确性，从而开发出正确的程序。采用结构化程序设计思想编写的程序，可使程序运行效率更高，而程序的出错率和维护费用大幅减少。结构化程序结构清晰，容易理解，容易修改，容易验证，易读易懂，深受程序设计者青睐。

1.3.1 程序基本结构

程序设计语言除了能表达各种各样的数据外，还提供了一系列语句来实现数据处理的过程，即程序的控制过程。当解决复杂工程问题时，程序的控制过程也变得复杂。结构化程序设计可以将复杂的程序划分成若干功能相互独立的模块。从形式上看，组成一个模块的可以是一条语句、多条语句组成的程序段或一个函数，每个模块都有一个入口和一个出口。通过模块之间"积木式组合"就可以形成复杂的程序或大的程序模块。不过，任何简单或复杂的程序都可以通过顺序结构、选择结构和循环结构这 3 种基本结构组合而成，所以这 3 种结构也被称为程序设计的基本结构，是程序化设计必须采用的结构。

1. 顺序结构

顺序结构是最简单的程序结构，顺序结构表示程序中的各个模块或语句按照它们在源代码中的排列顺序自上而下依次运行，图 1-1 中的 A、B 分别是程序的运行模块或语句，程序运行顺序是先运行 A，再运行 B。

2. 选择结构

选择结构也称为分支结构，该结构对某个给定的条件进行判断，根据条件选择不同的分支运行。选择结构的基本形式有两种，图 1-2（a）所示为单分支结构，当条件 P 成立或为真时运行 A，否则什么也不做；图 1-2（b）所示为双分支结构，当条件 P 成立或为真时运行 A，否则运行 B。

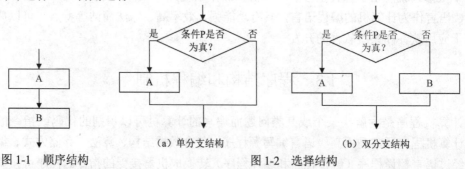

图 1-1　顺序结构　　　　　图 1-2　选择结构

3. 循环结构

循环结构表示程序反复运行某个或某些操作，直到某条件为假（或为真）时才停止循环。循环结构的基本形式有两种：当型循环和直到型循环。图 1-3（a）所示为当型循环：先判断条件，当条件 P 为真时运行循环体 A，并且在循环体 A 结束时自动返回到循环入口处，再次判断循环条件 P；如果条件 P 为假，则退出循环体 A 到达流程出口处。这种形式因为是"当条件为真时运行循环"，即先判断后运行，所以被称为当型循环。图 1-3（b）所示为直到型循环，从入口处直接运行循环体 A，循环体结束时判断条件，如果条件 P 为真，则返回入口处继续运行循环体 A，直到条件为假时结束循环到达流程出口处，是先运行后判断。这种形式因为是"直到条件为假时结束循环"，所以被称为直到型循环。

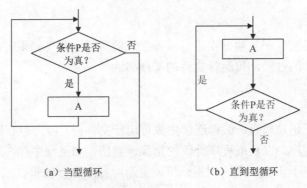

（a）当型循环 （b）直到型循环

图 1-3 循环结构

以上 3 种基本结构具有以下共同点。

（1）都只有一个入口，一个出口。

（2）结构内的每一部分都有机会运行到。

（3）正确的程序结构内不存在"死循环"，即循环能正常结束。

1.3.2 C 语言程序编程机制

编写好的 C 语言程序要经过编辑（输入）、编译和连接后才能形成可运行的程序。

C 语言程序的上机运行过程一般要经如图 1-4 所示的 4 个步骤：编辑、编译、连接、运行与调试。

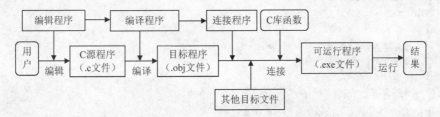

图 1-4 C 语言程序上机运行过程

1. 编辑

当确定了解决问题的步骤后，就开始编写程序，即程序编辑。编辑是指在编程环境中，应用其中的编辑功能来输入源程序，对应的文件称为源文件（或源程序）。C 语言中源程序的扩展名为".c"。

2. 编译

编译是使用编译器将源文件转换为目标文件的过程。程序编辑完成，下一步的工作就是采用该编程语言的编译程序对源程序进行语法检查，当发现错误时，将错误的类型和所在位置显示出来，以帮助程序员修改源程序中的错误。编译通过后，生成二进制代码表示的目标程序，目标文件的扩展名为".obj"。

3. 连接

连接是将目标文件和其他分别进行编译生成的目标文件（如果有的话）及库函数连接生成可运行文件的过程，可运行文件的扩展名为".exe"。

4. 运行与调试

当程序通过了语法检查、编译连接生成可运行文件后，就可以在编程环境或操作系统环境中运行该程序，以获取程序处理的结果。当然，如果程序存在逻辑错误，即程序运行所产生的结果不正确，则回到第一步，重新对程序进行编辑、编译、连接和运行，直到取得预期结果为止。

如果程序存在语义错误，就需要对程序进行调试，调试是在程序中查找错误并修改错误的过程。调试最主要的工作是找出错误发生的位置或原因。

1.4 典型 C 程序结构

下面通过两个简单的 C 语言程序了解 C 语言的程序结构。

【例 1-1】输出 "Hello, the world!"。

程序代码如下：

```
#include <stdio.h>
int main(void)
{
    printf("Hello, the world!\n");
    return 0;
}
```

程序运行结果如下：

```
Hello, the world!
```

其中，"#include <stdio.h>" 将文件 stdio.h 的内容包含在程序中，stdio.h 是关于标准输入输出的头文件（stdio 是 standard input output 的简写，h 是 head 的首字母）。在程序中调用了库函数 printf，必须包含头文件 stdio.h。

main 是函数名，每一个 C 语言程序必须有且仅有一个 main 函数。

由一对大括号 "{ }" 括起来的内容是函数体（function body）。

库函数 printf 用于输出信息。"\n" 表示换行，其作用是使光标移到下一行的行首。

【例 1-2】 求两个数的和并输出。

程序代码如下：

```c
#include <stdio.h>
int main(void)
{
    int a, b, sum;          /* 变量声明，3 个变量的类型为 int */
    a = 10;
    b = 20;
    sum = a + b;            // 求和
    printf("sum = %d\n", sum);
    return 0;
}
```

程序运行结果如下：

```
sum = 30
```

该程序的功能是求两个整数的和。

/*……*/是注释信息。注释是程序员为了增强程序的可读性，人为增加的说明性信息，不影响程序的具体功能。为程序适当添加注释是一个好的编程习惯。/*……*/可包含多行注释，如果注释只有一行，也可用//……的形式添加注释。

%d 表示要输出一个整数，整数值是变量 sum 的值。

\n 是转义字符，其功能是换行。

通过例 1-1 和例 1-2 的学习，总结 C 语言程序的基本结构如下。

（1）C 语言程序是由函数构成的。一个 C 语言程序至少包含一个 main 函数，也可以包含一个 main 函数和若干其他函数。

（2）C 语言程序总是从 main 函数开始运行。

（3）C 语言程序书写格式自由。例如，例 1-1 的源程序按以下方式编写也是正确的：

```c
#include <stdio.h>
int main(void){printf("Hello!\n");return 0;}
```

这样书写的程序可读性非常差。为了增强程序的可读性，通常书写 C 语言程序时应遵循以下规则：一行内仅写一条语句；正反大括号分别各占一行；每对大括号上下对齐；语句采用缩进格式，错落有致。

（4）每条语句的最后必须有一个英文分号，它是 C 语句的组成部分。

（5）C 语言本身没有输入输出语句，输入输出操作由 scanf 和 printf 等函数来完成。

（6）可以用/*……*/或//……的形式在 C 语言程序中添加注释，以增强程序的可读性。

1.5　计算机硬件和软件

一个完整的计算机系统由硬件和软件两部分组成，没有安装操作系统的计算机硬件称为裸机，没有任何应用价值。当然，离开了计算机硬件，软件也无法发挥作用。软件与硬件的关系如图 1-5 所示。

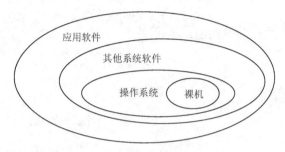

图 1-5　计算机软件与硬件的关系

1.5.1　计算机软件

计算机软件按其功能可以分为应用软件和系统软件两大类：应用软件的分类很多，如办公软件、工具软件、管理软件等；系统软件包括各类操作系统，如 Windows、Linux、UNIX 等，还包括操作系统的补丁程序、硬件驱动程序、开发包、数据库、各种程序开发语言及开发环境等。

1. 应用软件

应用软件是由用户根据个人需要自行开发或委托开发或从厂家购买来达到特定应用目的的软件，运行在系统软件之上，满足实际需要。

常见的应用软件有以下几种。

1）办公软件

办公软件分为文字处理软件和电子表格数据处理软件。文字处理软件是办公室和个人不可缺少的软件，主要用于输入、存储、编辑、打印文字材料，目前主流的中文文字处理软件有 Word 和 WPS。电子表格数据处理软件用于一些简单的数据表处理，如学生的成绩管理、股市行情分析等，主流软件有 Excel 和 Lotus。

2）信息管理软件

信息管理软件用于输入、存储、修改、检索各种信息，如工资管理软件、人事管理软件、计划管理软件等。同一个单位的各种软件可以相互联系起来组成一个和谐的整体，各种信息在其中合理地流动，形成一个完整、高效的管理信息系统（management information system，MIS）。针对不同的部门、行业和需求，可以编制不同的 MIS，也可以设计通用的 MIS。

3）辅助设计软件

辅助设计软件用于帮助人们高效地绘制、编辑工程图纸或电子线路图，进行设计中的常规计算，寻求较好的设计方案，提高工作效率和质量。

4）实时控制软件

实时控制软件主要用于随时收集数据，并以此为依据作出相应的判断和决策，按预定设计的方案实施自动或半自动控制，以保证安全、准确地完成指定任务。例如，化工生产中的实时控制软件、火箭发射和运行中的自动控制软件等，针对不同的工作任务可以设计不同的实时控制系统。

5）辅助教育软件

教育方面的软件很多，技术上多采用多媒体、网络、虚拟现实、人工智能等先进技术。辅助教育软件涵盖范围越来越广，主要分成5类：学校辅助教学类软件、辅助教育管理类软件、计算机辅助学习类软件、英语学习类软件、商务类软件等。

6）游戏娱乐软件

利用计算机高速的运算功能、良好的交互功能和清晰的显示能力，可以将游戏和娱乐内容制作成软件，供使用者在计算机上玩游戏和娱乐。

7）各种工具软件

工具软件有很多，如各种浏览器、搜索引擎、电子邮件、文件下载工具等。

2. 系统软件

各种应用软件，虽然完成的工作各不相同，但是它们都需要一些共同的基础操作，如都需要从输入设备取得数据，向输出设备发送数据，向外存写入数据，从外存读取数据，对数据的常规管理，等等。这些基础工作也要由一系列指令来完成。人们把这些指令集中组织在一起，形成专门的软件，用来支持应用软件的运行，这种软件称为系统软件。

系统软件是负责管理、监控和维护计算机硬件和软件资源的软件，主要功能是调度、监控和维护计算机系统，负责管理计算机系统中各种独立的硬件，使它们可以协调工作。系统软件可以将计算机当作一个整体而不需要顾及底层每个硬件是如何工作的。

常见的系统软件有以下几种。

1）操作系统

在计算机中最重要且最基本的软件就是操作系统。它是最底层的软件，用于控制所有计算机运行程序并管理整个计算机的资源，是计算机裸机与应用程序之间的桥梁。操作系统管理计算机的硬件设备，使应用软件能方便、高效地使用这些设备，没有操作系统，用户也就无法使用某种软件或程序。

2）数据库管理系统

数据库管理系统是一种操纵和管理数据库的大型软件，用于建立、使用和维护数据库，可以有组织地、动态地存储大量数据，能方便、高效地使用这些数据。常见的数据库有FoxPro、DB-2、Access、SQL Server、达梦数据库等。

3）编译软件

中央处理器（central processing unit，CPU）运行一条指令只能完成一项简单的操作，一个系统软件或应用软件由成千上万甚至上亿条指令组成。直接用基本指令来编写软件，是一件极其繁重而艰难的工作。用 C 语言等高级语言编写程序的效率高，但 CPU 并不能直接运行这些程序指令，需要编写一个软件，专门用来将源程序中的每条指令翻译成一系列 CPU 能接受的基本指令。完成这种翻译的软件称为高级语言编译软件，通常把它们归入系统软件。目前常用的高级语言有 C、C++、Java、Python 等，它们都有各自的编译软件，各有特点，分别适用于编写某一类型的程序。

4）系统辅助处理程序

系统辅助处理程序也称为软件研制开发工具、支持软件或软件工具，主要包括编辑程序、调试程序、装入和连接程序等。

5）设备驱动程序

设备驱动程序是可以使计算机和设备通信的特殊程序，相当于硬件的接口，操作系统只能通过这个接口控制硬件设备的工作，假如某个设备的驱动程序未能正确安装，则不能正常工作。设备驱动程序用来将硬件本身的功能告诉操作系统，完成硬件设备电子信号与操作系统及软件的高级编程语言之间的互相翻译。一般当一个操作系统安装完毕后，首先要做的便是安装硬件设备的驱动程序。

1.5.2 计算机硬件

计算机硬件是计算机系统中由电子、机械和光电元件等组成的各种物理装置的总称。这些物理装置按系统结构的要求构成一个有机的整体，为计算机软件的运行提供物质基础。

简言之，硬件的功能是输入并存储程序和数据，以及运行程序，把数据加工成可以利用的形式。从外观上看，计算机硬件由主机箱和外部设备组成。主机箱内主要包括 CPU、内存、主板、硬盘驱动器、光盘驱动器、各种扩展卡、连接线、电源等；外部设备包括鼠标、键盘等。通常，将这些部件按功能分为运算器、控制器、存储器、输入设备和输出设备 5 个逻辑部件，如图 1-6 所示。

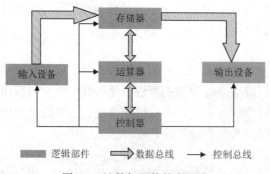

图 1-6 计算机硬件基本组成

1. 控制器

控制器（control unit）是整个计算机系统的控制中心。它指挥计算机各部分协调工作，保证计算机按照预先制定的目标和步骤有条不紊地进行操作及处理。

控制器从存储器中逐条取出指令，分析每条指令规定的是什么操作及所需数据的存放位置等，然后根据分析的结果向计算机的其他部件发出控制信号，统一指挥整个计算机完成指令所规定的操作。

2. 运算器

运算器由算术逻辑单元（arithmetic and logic unit，ALU）、累加器、状态寄存器、通用寄存器组等组成。算术逻辑运算单元的基本功能是运行加、减、乘、除四则运算，与、或、非、异或等逻辑操作，以及移位、求补等操作。

运算器和控制器组成了任何计算机系统必备的核心部件 CPU。CPU 的运算器和控制器分别由运算电路和控制电路实现。

3. 存储器

存储器（memory）是计算机系统中的记忆设备，用来存放程序和数据。计算机运行过程中的全部信息，包括输入的原始数据、计算机程序、中间运行结果和最终运行结果都保存在存储器中。它根据控制器指定的位置存入和取出信息。有了存储器，计算机才有记忆功能，才能保证正常工作。

4. 输入输出设备

输入设备（input device）向计算机输入数据和信息，是计算机与用户或其他设备之间进行信息交换的主要装置之一。

输出设备（output device）是计算机的终端设备，用于计算机数据的输出显示、打印、声音、外部设备的控制操作等，即把各种计算结果数据或信息以数字、字符、图像、声音等形式表示出来。

1.5.3 计算机软硬件的关系

软件和硬件是一个完整的计算机系统互相依存的两大部分，硬件是计算机系统的躯壳（物理基础），软件是计算机系统的灵魂（策略基础），二者相辅相成，缺一不可。它们的关系主要体现在以下 3 个方面。

（1）互相依存：硬件是软件赖以工作的物理基础，为软件的运行提供平台与支撑；软件的正常工作是硬件发挥作用的唯一途径，没有软件，计算机系统无法运行和发挥作用。

（2）无严格界线：随着计算机技术的发展，"软件定义硬件"，也就是计算机的某些功能既可以由硬件实现，也可以由软件来实现。因此，硬件与软件在一定意义上说没有绝对严格的界线。

（3）协同发展：计算机软件随硬件技术的迅速发展而发展，而软件的不断发展与完善又促进硬件的更新，两者密切地交织发展，缺一不可。

第2章 变量与计算

现实生活中，信息的分类方式多种多样，目的都是更好地处理它们。对于计算机而言，所有的信息最后都要转化为0和1来处理，只有对信息进行分类，才能用最优的资源得到更好的结果。

生活中有些值是不变的，如π值；有些值是会变的，如体重。所以，C语言中就有了常量和变量。

C语言有丰富的数据类型和运算符，因此计算能力非常强大，计算过程中使用的值一般用各种变量来存储。

2.1 常量与变量

2.1.1 数制基本概念

在生活中处处都能接触到进制，一天是24个小时，一个小时是60分钟，一分钟是60秒，一个星期共7天……还有俗话"半斤八两"——也就是说半斤就是八两，一斤也就是十六两，满16进一位就是十六进制。

数制也称计数制，是指用一组固定的符号和统一的规则来表示数值的方法。计算机处理的信息必须转换成二进制形式数据后才能进行存储和传输。计算机中经常使用的进制有二进制、八进制、十进制、十六进制。

本节首先以常用的十进制为出发点讨论二进制、八进制及十六进制的特点，然后介绍各种进制数之间的转换方法。

1. 十进制数

进位计数制是一种计数的方法，习惯上常用的是十进制计数法。十进制数的每位数可以用下列10个数码之一来表示：0、1、2、3、4、5、6、7、8、9。十进制数的基数为10，基数表示进位制所具有的数码的个数。

十进制数的计数规则是"逢10进1"，也就是说，每位累计不能超过9，计满10就应向高位进1。

人们平时使用的数字都是由0～9共10个数字组成的，如1、9、10、297、952等，一个数字最多能表示9，如果要表示10、11、29、100等，就需要多个数字组合起来。

例如，表示5+8的结果，一个数字不够，只能"进位"，用13来表示；这时"进一位"相当于10，"进两位"相当于20。

因为"逢 10 进 1",且只有 0～9 共 10 个数字,所以称为十进制(decimalism)。十进制是在人类社会发展过程中自然形成的,它符合人们的思维习惯,如人类有十根手指,也有十根脚趾。

2.二进制数

不妨将思维拓展一下,既然可以用 0～9 共 10 个数字来表示数值,那么也可以用 0、1 两个数字来表示数值,这就是二进制。例如,数字 0、1、10、111、100、1000001 都是有效的二进制数。

在计算机内部,数据都是以二进制的形式存储的,二进制是学习编程必须掌握的基础。本节先讲解二进制的概念,下节将讲解数据在内存中的存储,从而学以致用。

二进制加减法和十进制加减法的思想类似。

(1)对于十进制,进行加法运算时逢 10 进 1,进行减法运算时借 1 当 10。

(2)对于二进制,进行加法运算时逢 2 进 1,进行减法运算时借 1 当 2。

图 2-1 和图 2-2 详细演示了二进制加减法的运算过程。

(1)二进制加法:1+0=1;1+1=10;11+10=101;111+111=1110。

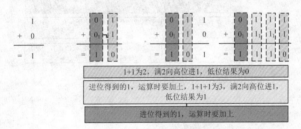

图 2-1　二进制加法示意图

(2)二进制减法:1-0=1;10-1=1;101-11=10;1100-111=101。

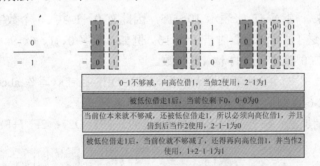

图 2-2　二进制减法示意图

3.八进制数

除了二进制,C 语言还会用到八进制。

八进制数有 0～7 共 8 个数字,基数为 8,加法运算时逢 8 进 1,减法运算时借 1 当 8。例如,数字 0、1、5、7、14、733、67001、25430 都是有效的八进制数。

图 2-3 和图 2-4 详细演示了八进制加减法的运算过程。

（1）八进制加法：3+4=7；5+6=13；75+42=137；2427+567=3216。

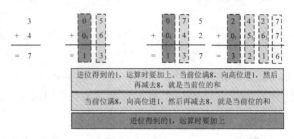

图 2-3 八进制加法示意图

（2）八进制减法：6-4=2；52-27=23；307-141=146；7430-1451=5757。

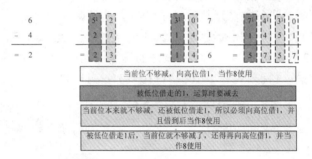

图 2-4 八进制减法示意图

4. 十六进制

除了二进制和八进制，日常生活中也经常用到十六进制，甚至比八进制使用还要频繁。

十六进制数中，用 A～F 来表示 10～15，因此有 0～F 共 16 个数字，基数为 16，加法运算时逢 16 进 1，减法运算时借 1 当 16。例如，数字 0、1、6、9、A、D、F、419、EA32、80A3、BC00 都是有效的十六进制数。

注意：十六进制中的字母不区分大小写，ABCDEF 也可以写作 abcdef。

图 2-5 和图 2-6 详细演示了十六进制加减法的运算过程。

（1）十六进制加法：6+7=D；18+BA=D2；595+792=D27；2F87+F8A=3F11。

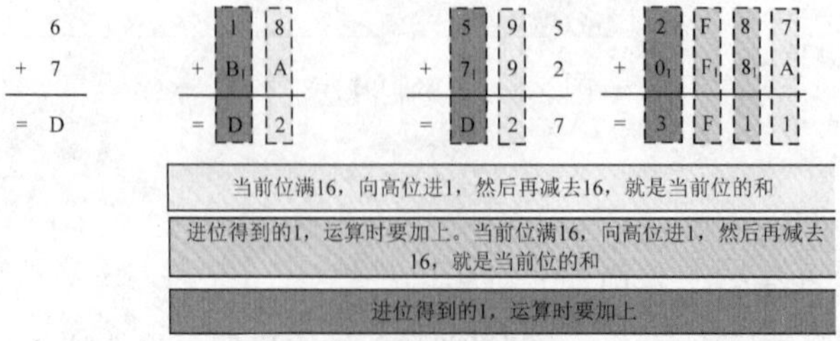

图 2-5 十六进制加法示意图

（2）十六进制减法：D-3=A；52-2F=23；E07-141=CC6；7CA0-1CB1=5FEF。

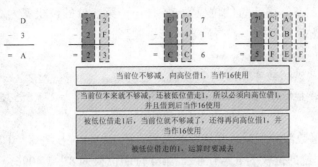

当前位不够减，向高位借1，当作16使用

当前位本来就不够减，还被低位借走1，所以必须向高位借1，并且借到后当作16使用

被低位借走1后，当前位就不够减了，还得再向高位借1，并当作16使用

被低位借走的1，运算时要减去

图 2-6　十六进制减法示意图

5. 进制转换

1）将二进制、八进制、十六进制转换为十进制

二进制、八进制和十六进制向十进制转换都非常容易，就是"按权相加"。所谓"权"，即"位权"。假设当前数字是 N 进制数，则有以下原则。

（1）对于整数部分，从右往左看，第 i 位的位权等于 N^{i-1}。

（2）对于小数部分，恰好相反，要从左往右看，第 j 位的位权为 N^j。

更加通俗的理解是，假设一个多位数（由多个数字组成的数）某位上的数字是 1，那么它所表示的数值大小就是该位的位权。

【例 2-1】将八进制数 53627 转换成十进制数。
$$53627_8 = 5\times8^4 + 3\times8^3 + 6\times8^2 + 2\times8^1 + 7\times8^0 = 22423_{10}$$

从右往左看，第 1 位的位权为 $8^0=1$，第 2 位的位权为 $8^1=8$，第 3 位的位权为 $8^2=64$，第 4 位的位权为 $8^3=512$，第 5 位的位权为 $8^4=4096$……第 n 位的位权就为 8^{n-1}。将各个位的数字乘以位权，然后再相加，就得到了其十进制形式。

注意：这里需要以十进制形式来表示位权。

【例 2-2】将十六进制数 9FA8C 转换成十进制数。
$$9FA8C_{16} = 9\times16^4 + 15\times16^3 + 10\times16^2 + 8\times16^1 + 12\times16^0 = 653964_{10}$$

从右往左看，第 1 位的位权为 $16^0=1$，第 2 位的位权为 $16^1=16$，第 3 位的位权为 $16^2=256$，第 4 位的位权为 $16^3=4096$，第 5 位的位权为 $16^4=65536$……第 n 位的位权就为 16^{n-1}。将各个位的数字乘以位权，然后再相加，就得到了其十进制形式。

将二进制数转换成十进制数也是类似的道理。

【例 2-3】将二进制数 11010 转换成十进制数。
$$11010_2 = 1\times2^4 + 1\times2^3 + 0\times2^2 + 1\times2^1 + 0\times2^0 = 26_{10}$$

从右往左看，第 1 位的位权为 $2^0=1$，第 2 位的位权为 $2^1=2$，第 3 位的位权为 $2^2=4$，第 4 位的位权为 $2^3=8$，第 5 位的位权为 $2^4=16$……第 n 位的位权就为 2^{n-1}。将各个位的数字乘以位权，然后再相加，就得到了其十进制形式。

【例 2-4】 将八进制数 423.5176 转换成十进制数。

$$423.5176_8 = 4 \times 8^2 + 2 \times 8^1 + 3 \times 8^0 + 5 \times 8^{-1} + 1 \times 8^{-2} + 7 \times 8^{-3} + 6 \times 8^{-4} = 275.65576171875_{10}$$

小数部分和整数部分相反，要从左往右看，第 1 位的位权为 $8^{-1}=1/8$，第 2 位的位权为 $8^{-2}=1/64$，第 3 位的位权为 $8^{-3}=1/512$，第 4 位的位权为 $8^{-4}=1/4096$……第 m 位的位权就为 8^{-m}。

【例 2-5】 将二进制数 1010.1101 转换成十进制数。

$$1010.1101_2 = 1 \times 2^3 + 0 \times 2^2 + 1 \times 2^1 + 0 \times 2^0 + 1 \times 2^{-1} + 1 \times 2^{-2} + 0 \times 2^{-3} + 1 \times 2^{-4} = 10.8125_{10}$$

小数部分和整数部分相反，要从左往右看，第 1 位的位权为 $2^{-1}=1/2$，第 2 位的位权为 $2^{-2}=1/4$，第 3 位的位权为 $2^{-3}=1/8$，第 4 位的位权为 $2^{-4}=1/16$……第 m 位的位权就为 2^{-m}。

更多转换成十进制数的例子如下：

$$1001_2 = 1 \times 2^3 + 0 \times 2^2 + 0 \times 2^1 + 1 \times 2^0 = 8 + 0 + 0 + 1 = 9_{10}$$

$$\begin{aligned}101.1001_2 &= 1 \times 2^2 + 0 \times 2^1 + 1 \times 2^0 + 1 \times 2^{-1} + 0 \times 2^{-2} + 0 \times 2^{-3} + 1 \times 2^{-4} \\ &= 4 + 0 + 1 + 0.5 + 0 + 0 + 0.0625 \\ &= 5.5625_{10}\end{aligned}$$

$$302_8 = 3 \times 8^2 + 0 \times 8^1 + 2 \times 8^0 = 192 + 0 + 2 = 194_{10}$$

$$\begin{aligned}302.46_8 &= 3 \times 8^2 + 0 \times 8^1 + 2 \times 8^0 + 4 \times 8^{-1} + 6 \times 8^{-2} \\ &= 192 + 0 + 2 + 0.5 + 0.09375 \\ &= 194.59375_{10}\end{aligned}$$

$$EA7_{16} = 14 \times 16^2 + 10 \times 16^1 + 7 \times 16^0 = 3751_{10}$$

2）将十进制转换为二进制、八进制、十六进制

将十进制转换为其他进制时比较复杂，整数部分和小数部分的算法不一样，下面分别进行讲解。

（1）整数部分。

十进制整数转换为 N 进制整数采用"除 N 取余，逆序排列"法。具体做法如下：

① 将 N 作为除数，用十进制整数除以 N，可以得到一个商和余数；

② 保留余数，用商继续除以 N，又得到一个新的商和余数；

③ 仍然保留余数，用商继续除以 N，还会得到一个新的商和余数；

④ ……

⑤ 如此反复进行，每次都保留余数，用商接着除以 N，直到商为 0 时为止。

将先得到的余数作为 N 进制数的低位数字，后得到的余数作为 N 进制数的高位数

字，依次排列起来，就得到了 N 进制数。

图 2-7 演示了将十进制数 36926 转换成八进制数的过程。

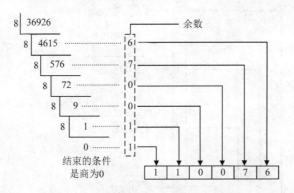

图 2-7　十进制数 36926 转换成八进制数

由图可知，十进制数 36926 转换成八进制数的结果为 110076。

图 2-8 演示了将十进制数 42 转换成二进制数的过程。

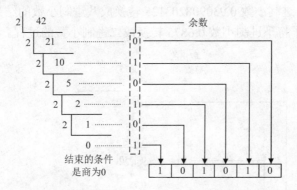

图 2-8　十进制数 42 转换成二进制数

由图可知，十进制数 42 转换成二进制数的结果为 101010。

（2）小数部分。

十进制小数转换成 N 进制小数采用"乘 N 取整，顺序排列"法。具体做法如下：

① 用 N 乘以十进制小数，可以得到一个积，这个积包含了整数部分和小数部分；

② 将积的整数部分取出，再用 N 乘以余下的小数部分，又得到一个新的积；

③ 再将积的整数部分取出，继续用 N 乘以余下的小数部分；

④ ……

⑤ 如此反复进行，每次都取出整数部分，用 N 接着乘以小数部分，直到积中的小数部分为 0，或者达到所要求的精度为止。

把取出的整数部分按顺序排列起来，先取出的整数作为 N 进制小数的高位数字，后取出的整数作为 N 进制小数的低位数字，这样就得到了 N 进制小数。

图 2-9 演示了将十进制小数 0.930908203125 转换成八进制小数的过程。

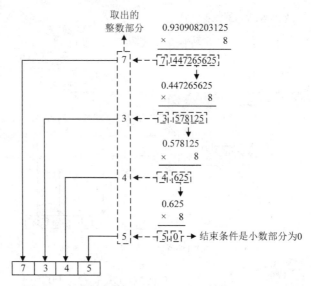

图 2-9　十进制小数 0.930908203125 转换成八进制小数

由图可知，十进制小数 0.930908203125 转换成八进制小数的结果为 0.7345。

图 2-10 演示了将十进制小数 0.6875 转换成二进制小数的过程。

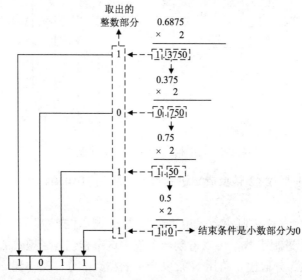

图 2-10　十进制小数 0.6875 转换成二进制小数

由图可知，十进制小数 0.6875 转换成二进制小数的结果为 0.1011。

如果一个数字既包含整数部分又包含小数部分，将整数部分和小数部分开，分别按照上面的方法完成转换，然后再合并在一起即可。例如：

① 十进制数 36926.930908203125 转换成八进制数的结果为 110076.7345。

② 十进制数 42.6875 转换成二进制数的结果为 101010.1011。

注意：十进制小数转换成其他进制小数时，结果有可能是一个无限位的小数。

请看下面的例子。

③ 十进制数 0.51 对应的二进制数为 0.10000010100011110101110000101000111101011······是一个循环小数。

④ 十进制数 0.72 对应的二进制数为 0.10111000010100011110101110000101000111110······也是一个循环小数。

⑤ 十进制数 0.625 对应的二进制数为 0.101，是一个有限小数。

其实，任何进制之间的转换都可以使用上面讲到的方法，只不过有时比较麻烦，所以一般针对不同的进制采用不同的方法。将二进制转换为八进制和十六进制时就有非常简洁的方法，反之亦然。

3）二进制整数和八进制整数之间的转换

二进制整数转换为八进制整数时，每 3 位二进制数字转换为 1 位八进制数字，运算的顺序是从低位向高位依次进行，高位不足 3 位用 0 补齐。图 2-11 演示了如何将二进制整数 1110111100 转换为八进制整数。

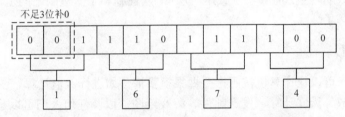

图 2-11 二进制整数 1110111100 转换为八进制整数

八进制整数转换为二进制整数时，思路正好相反，每一位八进制数字转换为 3 位二进制数字，运算的顺序也是从低位向高位依次进行。图 2-12 演示了如何将八进制整数 2743 转换为二进制整数。

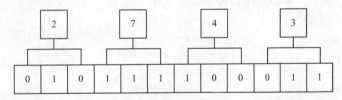

图 2-12 八进制整数 2743 转换为二进制整数

4）二进制整数和十六进制整数之间的转换

二进制整数转换为十六进制整数时，每 4 位二进制数字转换为 1 位十六进制数字，运算的顺序是从低位向高位依次进行，高位不足 4 位用 0 补齐。图 2-13 演示了如何将二进制整数 10110101011100 转换为十六进制整数。

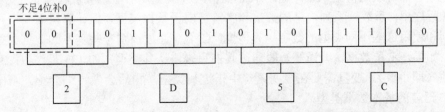

图 2-13 二进制整数 10110101011100 转换为十六进制整数

十六进制整数转换为二进制整数时，思路正好相反，每 1 位十六进制数字转换为 4 位二进制数字，运算的顺序也是从低位向高位依次进行。图 2-14 演示了如何将十六进制整数 A5D6 转换为二进制整数。

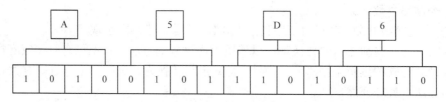

图 2-14　十六进制整数 A5D6 转换为二进制整数

由图可知，十六进制整数 A5D6 转换为二进制整数的结果为 1010010111010110。

在 C 语言编程中，二进制、八进制、十六进制之间几乎不会涉及小数的转换，所以这里只讲解整数的转换，能够学以致用。另外，八进制和十六进制之间也极少直接转换，这里就不再讲解了。

2.1.2　数据类型

在程序中，可以让计算机按照指令做很多事情，如进行数值计算、图像显示、语音对话、视频播放、天文计算、发送邮件、游戏绘图，以及任何人们可以想象到的事情。要完成这些任务，程序需要使用数据，即承载信息的数字与字符。

在计算机中，数据的性质和表示方式可能不同，因此需要将相同性质的数据归类，并用一定数据类型描述。任何数据对用户都呈现常量和变量两种形式。常量是指程序在运行时其值不能改变的量。常量不占内存，在程序运行时它作为操作对象直接出现在运算器的各种寄存器中。变量是指在程序运行时其值可以改变的量。变量的功能就是存储数据。例如：

```c
#include <stdio.h>
int main()
{
   int year;
   year = 2014;
   printf("Welcome to c world! \n");
   return 0;
}
```

其中，year 就是一个 int 类型的变量，而 2014 是常量，即一个数字。它们的区别在于，常量是恒定不变的，即 2014 永远表示 2014 不能被更改，而 year 是一个变量，只要是整型数字都可以赋值给 year，随之 year 的值就会改变，旧值就会被覆盖。

在程序中，承载一系列信息的数字和字符都属于数据类型，但计算机需要一种方法来区别和使用这些不同类型的数字。具体地，C 语言通过识别一些基本的数据类型做到这些。如果是常量数据，编译器一般通过其书写来辨认其类型，如 123 是整数，3.14 是浮点数（即小数）。变量需要在声明语句中指定其类型，稍后会做详细介绍。下面先来了解 C 语言的基本数据类型。

C 语言的基本数据类型包括整型、字符型、实数型。这些类型按其在计算机中的存储方式可被分为两个系列，即整数（integer）类型和浮点数（floating-point number）类型。

这 3 种类型之下分别是 short、int、long、char、float、double 这 6 个关键字，再加上 2 个符号说明符 signed 和 unsigned，就基本表示了 C 语言最常用的数据类型。

表 2-1 列出了在 32 位操作系统中常见编译器下的数据类型大小及其表示的数据范围。

表 2-1 32 位操作系统中常见编译器下的数据类型大小及其表示的数据范围

类型名称	类型关键字	占字节数	其他名称	表示的数据范围
字符型	char	1	signed char	−128～127
无符号字符型	unsigned char	1	none	0～255
整型	int	4	signed int	−2147483648～2147483647
无符号整型	unsigned int	4	unsigned	0～4294967295
短整型	short	2	short int	−32768～32767
无符号短整型	unsigned short	2	unsigned short int	0～65535
长整型	long	4	long int	−2147483648～2147483647
无符号长整型	unsigned long	4	unsigned long	0～4294967295
单精度浮点数	float	4	none	−3.4E38～3.4E38(7 digits)
双精度浮点数	double	8	none	−1.7E308～1.7E308(15 digits)
长双精度浮点数	long double	10	none	−1.2E4932～1.2E4932(19 digits)

认识了上述数据类型之后，可以根据实际情况，在不同的问题中选择最符合的数据类型来使用。例如，要计算两个数的和，可以采用 int 类型定义两个变量，然后输出。

```
int a = 24000,b = 12345;    //定义两个变量 a,b 并赋值
int c;                      //定义变量 c 用于计算 a+b 的和
c = a + b;
printf("a + b = %d", c);    //输出结果
```

如果 a+b 的值超出了 int 类型的最大范围，那么需要根据其作用选择不同的数据类型进行存储。

2.1.3 常量

常量是固定值，在程序运行期间不会改变。这些固定的值，又称为字面量。

常量可以是任何的基本数据类型，如整数常量、浮点常量、字符常量、字符串常量，甚至枚举常量。

常量可以看作常规的变量，只不过常量的值在定义后不能进行修改。

1. 整数常量

整数常量可以是十进制、八进制或十六进制。前缀指定基数：0x 或 0X 表示十六进制，0 表示八进制，不带前缀则默认表示十进制。

整数常量也可以带一个后缀，后缀是 U 和 L 的组合，U 表示无符号整数（unsigned），L 表示长整数（long）。后缀可以是大写，也可以是小写，U 和 L 的顺序任意。

下面列举几个整数常量的实例：

```
212                 //合法的
215u                //合法的
0xFeeL              //合法的
078                 //非法的：8 不是八进制的数字
032UU               //非法的：不能重复后缀
```

以下是各种类型的整数常量的实例：

```
85                  //十进制
0213                //八进制
0x4b                //十六进制
30                  //整数
30u                 //无符号整数
30l                 //长整数
30ul                //无符号长整数
```

2. 浮点常量

浮点常量由整数部分、小数点、小数部分和指数部分组成。可以使用小数形式或者指数形式来表示浮点常量。

当使用小数形式表示时，必须包含整数部分、小数部分，或同时包含二者。当使用指数形式表示时，必须包含小数点、指数，或同时包含二者。带符号的指数是用 e 或 E 引入的。

下面列举几个浮点常量的实例：

```
3.14159             //合法的
314159E-5L          //合法的
510E                //非法的：不完整的指数
210f                //非法的：没有小数或指数
.e55                //非法的：缺少整数或小数
```

3. 字符常量

字符常量括在单引号中，例如，'x'可以存储在 char 类型的简单变量中。

字符常量可以是一个普通的字符（如'x'）、一个转义序列（如'\t'）或一个通用的字符（如'\u02C0'）。

在 C 语言中，有一些特定的字符，当它们前面有反斜杠时，它们就具有特殊的含义，被用来表示如换行符（\n）或制表符（\t）等符号。表 2-2 所示为常用转义序列码。

表 2-2　常用转义序列码

转义序列	含义	转义序列	含义
\\	\ 字符	\n	换行符
\'	' 字符	\r	回车符
\"	" 字符	\t	水平制表符
\?	? 字符	\v	垂直制表符
\a	警报铃声	\ooo	1～3 位的八进制数

转义序列	含义	转义序列	含义
\b	退格键	\xhh	一个或多个数字的十六进制数
\f	换页符		

【例 2-6】显示转义序列字符。

程序代码如下：

```
#include <stdio.h>
int main() {
    printf("Hello\tWorld\n\n");
    return 0;
}
```

程序运行结果如下：

```
Hello   World
```

4. 字符串常量

字符串常量括在双引号中。一个字符串包含类似字符常量的字符：普通字符、转义序列和通用字符。

可以使用空格做分隔符将一个很长的字符串常量分行。

下面的实例显示了一些字符串常量。下面这 3 种形式所显示的字符串是相同的：

```
"hello, dear"
"hello, \
dear"
"hello, " "d" "ear"
```

5. 定义常量

在 C 语言中，有两种简单地定义常量的方式：使用 #define 预处理器和使用 const 关键字。

（1）使用#define 预处理器。使用#define 预处理器定义常量的一般形式如下：

```
#define identifier value
```

【例 2-7】常量定义。

程序代码如下：

```
#include <stdio.h>
#define LENGTH 10
#define WIDTH 5
#define NEWLINE '\n'
int main() {
    int area;
    area = LENGTH * WIDTH;
    printf("value of area : %d", area);
    printf("%c", NEWLINE);
```

```
        return 0;
    }
```
程序运行结果如下：
```
    value of area : 50
```

（2）使用 const 关键字。可以使用 const 前缀声明指定类型的常量，其一般形式如下：
```
    const type variable = value;
```
注意：const 声明常量要在一条语句内完成。

【例 2-8】定义常量。
程序代码如下：
```
    #include <stdio.h>
    int main() {
        const int LENGTH = 10;
        const int WIDTH = 5;
        const char NEWLINE = '\n';
        int area;
        area = LENGTH * WIDTH;
        printf("value of area : %d", area);
        printf("%c", NEWLINE);
        return 0;
    }
```
程序运行结果如下：
```
    value of area : 50
```

注意：把常量定义为大写字母形式，是一个很好的编程习惯。

2.1.4 变量和标识符

在程序中使用的变量名、函数名、标号等统称为标识符。除库函数的函数名由系统定义外，其余都由用户自行定义。

C 语言规定，标识符只能是字母（A~Z，a~z）、数字（0~9）、下划线(_)组成的字符串，并且其第一个字符必须是字母或下划线。标识符不能与 C 语言的关键字重名（关键字后面会介绍）。

此外，在使用标识符时还必须注意以下 3 点。

（1）标准 C 语言不限制标识符的长度，但它受各种版本的 C 语言编译系统及具体机器的限制。例如，在某版本 C 语言中规定标识符前 8 位有效，当 2 个标识符前 8 位相同时，则被认为是同一个标识符。

（2）在标识符中，大小写是有区别的。例如，CLANG 和 Clang 是两个不同的标识符。

（3）标识符虽然可由程序员随意定义，但是标识符是用于标识某个量的符号。因此，命名应尽量有相应的意义，以便阅读理解，做到"顾名思义"。

在 C 语言中，为了定义变量、表达语句功能和对一些文件进行预处理，还必须用到一些具有特殊意义的字符，这就是关键字，用户自定义的变量、函数名等要注意不可以与关键字同名。表 2-3 所示为 C 语言中的 32 个关键字。

表 2-3　C 语言中的 32 个关键字

auto	double	int	struct
break	else	long	switch
case	enum	register	typedef
char	extern	return	union
const	float	short	unsigned
continue	for	signed	void
default	goto	sizeof	volatile
do	if	static	while

以上关键字无须刻意记忆，还未遇到的关键字可待后续教程学习。

2.2　运算符与表达式

几乎每一个程序都需要进行运算，对数据进行加工处理，否则程序就没有意义。要进行运算，就必须规定可以使用的运算符。运算符是一种告诉编译器运行特定的数学或逻辑操作的符号。C 语言内置丰富的运算符，并提供以下类型的运算符：赋值运算符、算术运算符、sizeof 运算符、关系运算符、逻辑运算符、位运算符、三目运算符。

本节先介绍赋值运算符、算术运算符、逻辑运算符、三目运算符、位运算符，其他运算符将在后续章节陆续介绍。

2.2.1　赋值运算符

在 C 语言中，符号"="不表示"相等"，而是一个赋值运算符。例如，下面的语句是将 2014 赋给 num 的变量：

```
num = 2014;
```

也就是说，符号"="的左边是一个变量名，右边是赋给该变量的值。因此符号"="也被称为赋值运算符。再次强调不要把这行代码读作"num 等于 2014"，而应该读作"将值 2014 赋给变量 num"。赋值运算符的动作是从右到左。

或许变量名和变量值之间的区别看起来微乎其微，请考虑下面的常用计算机语句：

```
i = i + 1;
```

在数学上，该语句没有任何意义。如果给一个有限的数加 1，结果不会"等于"这个数本身。在计算机中，该语句意味着"找到名称为 i 的变量的值，然后对该值加 1，并将新值赋给名称为 i 的变量"。

C 语言中的术语：数据对象、左值、右值和操作数。

数据对象（data object）泛指数据存储区的术语，数据存储区能用于保存值。例如，用于保存变量或数组的数据存储区是一个数据对象。

左值（lvalue）是指用于标识一个特定数据对象的名称或表达式。例如，变量的名称是一个左值。所以数据对象指的是实际的数据存储，左值是用于识别或定位该存储的标识符。因为不是所有的对象都可更改值，所以 C 语言使用术语"可修改的左值"来表示那些可以被更改的对象。赋值运算符的左值应该是一个可修改的左值。lvalue 中的 l 确实表示英文单词 left，因为可修改的左值可以用在赋值运算符的左边。

右值（rvalue）是指能赋给可修改的左值的量。例如，考虑下面的语句：

```
num = 2014;
```

这是一个可修改的左值，2014 是一个右值。rvalue 中的 r 表示 right。右值可以是常量、变量或者任何可以产生一个值的表达式。

2.2.2 算术运算符

C 语言中的算术运算符主要包括加法（+）、减法（−）、乘法（*）、除法（/）、求模（%）、自增（++）、自减（−−），如表 2-4 所示。

表 2-4 算术运算符

运算符	符号	操作	用例	结果
加法	+	使它两侧的值加到一起	1+2	3
减法	−	用它前面的数减去后面的数	5−3	2
乘法	*	用它前面的数乘以后面的数	2*3	6
除法	/	用它左边的值除以右边的值	8/3	2（整数的除法会丢掉小数部分）
取模	%	求用它左边的值除以右边的数后的余数	5%3	2（%运算符两侧的操作数必须为整数）

++和−−是单目运算符，因为它们只需要一个操作数，而+、−、*、/、%均为双目运算符。

++和−−又称为增量运算符（increment operator），如++，即将其操作数的值增加 1。这个运算符以两种方式出现。在第一种方式中，++出现在其作用的变量的前面，这是前缀（prefix）模式；在第二种方式中，++出现在其作用的变量的后面，这是后缀（postfix）模式。这两种模式的区别在于值的增加这一动作发生的准确时间不同。前缀模式，先运行自增运算，再计算表达式的值；后缀模式先计算表达式的值，再运行自增运算。−−也是同样的道理。

下面通过举例进行说明。

【例 2-9】自减运算。
程序代码如下：

```
#include <stdio.h>
```

```
int main()
{
    int a,b;
    a = b = 5;
    printf("%d    %d\n",a--,--b);
    printf("%d    %d\n",a--,--b);
    printf("%d    %d\n",a--,--b);
    printf("%d    %d\n",a--,--b);
    printf("%d    %d\n",a--,--b);
    return 0;
}
```
程序运行结果如下:
```
5    4
4    3
3    2
2    1
1    0
```

这个程序 5 次将变量 a 和 b 减 1,读者可以通过运行结果来理解前缀和后缀的区别。

注意:++与--是单目运算符,即只有一个操作对象,这个操作对象只能是变量,因为常量不可以被赋值。

【例 2-10】自增运算。

程序代码如下:
```
#include <stdio.h>
int main()
{
    int a = 20;
    int b = 5;
    int c = 6;
    printf("a = %d b = %d c = %d\n",a,b,c);
    printf("a + b = %d\n",a+b);
    printf("a - c = %d\n",a-c);
    printf("a * b = %d\n",a*b);
    printf("a / c = %d\n",a/c);
    printf("a %% c = %d\n",a%c);        //两个%才会输出一个%
    return 0;
}
```
程序运行结果如下:
```
a = 20 b = 5 c = 6
a + b = 25
a - c = 14
a * b = 100
a / c = 3
a % c = 2
```

C 语言中大约有 40 个运算符，其中有些运算符比其他运算符用到的机会多得多。

2.2.3　sizeof 运算符

sizeof（后面会对其进行介绍）是 C 语言的 32 个关键字之一，并非"函数"，也称长度（求字节）运算符。sizeof 是一种单目运算符，以字节为单位返回某操作数的大小，用来求某一类型变量的长度，其运算对象可以是任何数据类型或变量。

【例 2-11】sizeof 运算。

程序代码如下：

```
#include <stdio.h>
int main()
{
    int n = 0;
    int intsize = sizeof(int);
    printf("int sizeof is %d bytes\n",intsize);
    return 0;
}
```

在 32 位操作系统下，程序运行结果如下：

```
int sizeof is 4 bytes
```

2.2.4　逻辑运算符

C 语言中逻辑运算符包含逻辑与（&&）、逻辑或（||）、逻辑非（!）3 种。其中，&&是双目运算符，即需要运算符两边都要有表达式，且两边表达式都为真，此表达式才为真；||也是双目运算符，要求左右表达式只要有一个为真，表达式就为真。!是单目运算符，只需右边有表达式，表示取反的意思，即原先真的取反则为假，原先假的取反则为真。

下面是几个示例表达式，方便读者理解和巩固：

```
3 && 5
10 && 0
2 >= 3 || 10
5 >= 5 || !0
```

可以看到，逻辑运算符的左右两边可以是一个字母或一个数字，也可以是一个子表达式，可以组合使用。

同样，也可以借助 printf 函数直接输出它们的值，具体代码如下：

```
#include <stdio.h>
int main()
{
    printf("%d\n",3 && 5);
    printf("%d\n",10 && 0);
    printf("%d\n",2 >= 3 || 10);
    printf("%d\n",5 >= 5 || !0);
    return 0;
}
```

请读者先自行口算再上机实验。

2.2.5　三目运算符

首先介绍一个概念，所谓的"目"，是指一个运算符参与运算的对象个数。例如，前面介绍的+、-、*、/等运算符，需要两个数或者变量参与运算，所以属于双目运算符；而++和--运算符一个对象就可以组合，属于单目运算符；本节所提到的三目运算符，当然就是有 3 个对象参与运算了！这也是 C 语言中唯一的三目运算符，这就是选择运算符"?:"。其通过"?"和":"两个符合组合而成，一般形式如下：

```
表达式 1?表达式 2:表达式 3
```

首先计算表达式 1 的值，查看该值是真还是假，也就是表达式 1 成立还是不成立，如果表达式 1 成立，那么该三目运算符整体的值就是表达式 2 的值，否则（也就是表达式 1 不成立），该三目运算符整体的值就是表达式 3 的值。下面举例进行说明。例如：

```
2 > 1 ? 10 : 20
```

这个表达式整体的值是多少？答案是 10，因为2>1 成立，所以它的值就是表达式 2 的值——10。

又如：

```
int a = 3,b = 5;
int c = 10;
c?:(a + b):(a - b)
```

那么，这个表达式的值呢？先自行算算，答案是 8。因为表达式 1 也就是 c 的值（10）为真，所以它的值就是表达式 2 的值，也就是 a+b 的值 8。

三目运算符本质上是一种选择结构，根据表达式 1 的成立与否，决定是表达式 2 还是表达式 3 的值，读者可以先自行理解，然后上机实验一下。

C 语言中的关系运算符，顾名思义是比较关系的，有大于（>）、小于（<）、大于或等于（>=）、小于或等于（<=）、等于（==）、不等于（!=）共 6 种。既然是比较关系，那当然需要两个操作数，即它们也都是双目运算符。需要注意的是，关系运算符的比较结果是逻辑值，即非真即假，也就是非 1 即 0。

例如，有如下关系比较结果，读者可以边读边验证：

```
1 >= 2        //不成立为假，值为 0
2 >= 2        //成立为真，值为 1
3 >= 0        //成立为真，值为 1
10 == 10      //成立为真，值为 1
20 != 20      //不成立为假，值为 0
```

还可以借助 printf 函数直接打印结果：

```
#include <stdio.h>
int main()
{
    printf("%d\n",3 >= 2);
    printf("%d\n",5 >= 5);
    printf("%d\n",10 != 10);
    return 0;
}
```

读者可以先口算以上 3 个表达式的值，然后自行上机实验验证结果。

2.2.6　位运算符

C 语言中共有 6 种位运算符，如表 2-5 所示。

表 2-5　C 语言中的位运算符

符号	名称
&	按位与
|	按位或
^	按位异或
~	取反
<<	左移
>>	右移

位（bit）是计算机中表示信息的最小单位，一般用 0 和 1 表示。位运算符是对其操作数按其二进制形式逐位进行运算。

注意：参加位运算的操作数必须为整数。

下面逐一讲解位运算符的计算原理。

1. 按位与

按位与（&）运算主要用于清零、取某些指定位、保位。

计算原理：0 & 0 = 0，1 & 0 = 0，1 & 1 = 1。

【例 2-12】按位与运算。
程序代码如下：

```
#include <stdio.h>
int main(void)
{
    int a = 3,b = 5,c;
    c = a & b;
    printf("%d",c);          //结果 c=1
    return 0;
}
```

用二进制来分析其计算规则具体如下：

a=3，二进制为 0000 0011；b=5，二进制为 0000 0101；a&b，a 和 b 的第 8 位都为 1，所以第 8 位按位与运算后的结果为 1，前面 7 位按位与运算后的结果都为 0。按位计算结果为 0000 0001。所以 c=a&b 的最终结果为 c=1。

（1）清零。假如 a=3，二进制为 0000 0011；b=0，二进制为 0000 0000。a&b，8 个位的运算结果都为 0，所以最终 c=0。

（2）取某些指定位。假定 a=5，二进制为 0000 0101。要取 a 的第 3 位和第 6 位，只需计算 0000 0101 和 1111 1111 的按位与结果。可得 c 的二进制为 0000 0101。所以 a 的第 3 位为 0，第 6 位为 1。

（3）保位。例如，计算 a&b 要保 a 的哪一位，只需将 b 中对应的位设为 1，其余的位设为 0，即可实现 a 的保位。

2. 按位或

对应位之间按位或的计算，即 0 (|) 0 = 0，1 | 0 = 1，0 | 1 = 1，1 | 1 = 1。它常用于对一个数据的某些位定值为 1。

【例 2-13】按位或运算。
程序代码如下：

```c
#include <stdio.h>
int main(void)
{
    int a = 3,b = 5,c;
    c = a | b;
    printf("%d",c);          //结果 c=7
    return 0;
}
```

用二进制来分析其计算规则，具体如下：a=3，二进制为 0000 0011；b=5，二进制为 0000 0101。a|b 结果为 0000 0111，即 c=7。

3. 按位异或

按位异或（^）是对应位置间的异或运算，相同为 0，相异为 1，即 0 ^ 0=0，0 ^ 1 = 1，1 ^ 0 = 1，1 ^ 1 = 0。

【例 2-14】按位异或运算。
程序代码如下：

```c
#include <stdio.h>
int main(void)
{
    int a = 3,b = 5,c;
    c = a ^ b;
    printf("%d",c);          //结果 c=6
    return 0;
}
```

用二进制来分析其计算规则，具体如下：a=3，二进制为 0000 0011；b=5，二进制为 0000 0101。a^b 结果为 0000 0110，即 c=6。

4. 按位取反

按位取反是对对应位置取反的运算，即 ~1=0，~0=1。

【例 2-15】按位取反运算。

程序代码如下：

```
#include <stdio.h>
int main(void)
{
    int b = 5,c;
    c = ~b;
    printf("%d",c);                    //结果c=-6
    return 0;
}
```

用二进制来分析其计算规则，具体如下：b=5，b 的二进制为 0000 0101，则~b 为 1111 1010，先取反再加 1，用十进制表示即为-6。

5. 左移

左移运算，右边空出的位用 0 填补，高位左移溢出则舍弃该高位。左移 1 位相当于该数乘以 2，但只适用于该数左移时被溢出舍弃的高位中不包含 1 的情况。

【例 2-16】左移运算。

程序代码如下：

```
#include <stdio.h>
int main(void)
{
    int b = 5,c,d;
    c = b << 1;
    d = b << 3;
    printf("c=%d d=%d",c,d);           //最终结果c=10,d=40
    return 0;
}
```

说明：b<<n 表示将 b 左移 n 个单位，结果是 $b*2^n$。

6. 右移

右移的概念和左移正好相反，是指向右移动若干位，在 C 语言中用运算符>>表示。

【例 2-17】右移运算。

程序代码如下：

```
#include <stdio.h>
int main(void)
{
    int b = 40,c,d;
    c = b >> 1;
    d = b >> 3;
```

```
printf("c=%d d=%d",c,d);//结果为c=20,d=5
return 0;
}
```

说明：b>>n 表示将 b 右移 n 个单位，结果是 $b/2^n$。

2.2.7　运算符优先级

C 语言中有众多的运算符，实际开发编码过程中，也不会仅仅是 a+b 这样简单的表达式，常常是多个变量、多个运算符组合而成的复合表达式，因此需要了解各个运算符的优先级，以明确先运算哪个，后运算哪个，与四则运算符，乘除的优先级高于加减是一样的道理。

C 语言中的各运算符的优先级如表 2-6 所示，优先级从高到低排列，即数字越小的优先级越高，越优先计算。

表 2-6　C 语言中运算符的优先级

优先级	运算符	名称或含义	使用形式	结合方向	说明
1	[]	数组下标	数组名[长度]	从左往右	
	()	小括号	（表达式）或函数名（形参表）		
	.	取成员	结构体名.成员		
	->	指针	结构体指针->成员		
2	-	负号运算符	-表达式	从右往左	单目运算符
	()	强制类型转换	（数据类型）表达式		
	++	自增运算符	++变量或变量++		
	--	自减运算符	--变量或变量--		
	*	取内容	*指针变量		
	&	取地址	&变量名		
	!	逻辑非	!表达式		
	~	按位取反	~整型表达式		
	sizeof	求长度	sizeof（表达式）		
3	/	除	表达式/表达式	从左往右	双目运算符
	*	乘	表达式*表达式		
	%	取余	表达式%表达式		
4	+	加	表达式+表达式	从左往右	双目运算符
	-	减	表达式-表达式		
5	<<	左移	变量<<表达式	从左往右	双目运算符
	>>	右移	变量>>表达式		
6	>	大于	表达式>表达式	从左往右	双目运算符
	>=	大于或等于	表达式>=表达式		
	<	小于	表达式<表达式		
	<=	小于或等于	表达式<=表达式		

续表

优先级	运算符	名称或含义	使用形式	结合方向	说明
7	==	等于	表达式==表达式	从左往右	双目运算符
	!=	不等于	表达式!=表达式		
8	&	按位与	表达式&表达式	从左往右	双目运算符
9	^	按位异或	表达式^表达式	从左往右	双目运算符
10	|	按位或	表达式|表达式	从左往右	双目运算符
11	&&	逻辑与	表达式&&表达式	从左往右	双目运算符
12	||	逻辑或	表达式||表达式	从左往右	双目运算符
13	? :	条件运算符	表达式1? 表达式2: 表达式3	从右往左	三目运算符
14	=	赋值运算符	变量=表达式	从右往左	双目运算符
	/=	除后再赋值	变量/=表达式		
	*=	乘后再赋值	变量*=表达式		
	%=	取余后再赋值	变量%=表达式		
	+=	加后再赋值	变量+=表达式		
	-=	减后再赋值	变量-=表达式		
	<<=	左移再赋值	变量<<=表达式		
	>>=	右移再赋值	变量>>=表达式		
	&=	按位与再赋值	变量&=表达式		
	^=	按位异或再赋值	变量^=表达式		
	|=	按位或再赋值	变量|=表达式		
15	,	逗号表达式	表达式,表达式,…	从左往右	

2.2.8　表达式

　　表达式就是有运算符和操作数的式子。例如，1 是一个表达式，1+1 是一个表达式，1*2%3/4<=9 && 78-90>0 也是一个表达式，所以表达式有简单的，也有复杂的。

　　C 语言中，表达式用于显示如何计算值的公式。变量表示程序在运行过程中计算出的值，常量表示不变的值，它们是最简单的表达式。表达式一般为运算符和操作数的有效组合。C 语言包括丰富的运算符组合，包括算术运算符、关系运算符和逻辑运算符等，对应的表达式也被称为算术表达式、关系表达式、逻辑表达式等。函数是被命名的可运行代码块，具有返回值的函数也可以用在表达式中，其返回值将作为构成表达式的操作数。

　　凡是有值的都是表达式，包括数字、标识符、字符常量、字符串常量、函数调用，以及以上几种表达式用运算符组合起来的表达式。例如，a，a ++，a + b，"dfsaf"，f()等。

　　表达式后面加一个分号就构成了表达式语句。

　　一个表达式可以产生一个值，有可能是运算、函数调用，也有可能是字面量。表达式可以放在任何需要值的地方。

2.2.9　类型转换规则

　　数据类型转换就是将数据（变量、数值、表达式的结果等）从一种类型转换为另一种类型。

1. 自动类型转换

自动类型转换就是编译器隐式地在后台进行数据类型转换，不需要程序员干预，完全由编译器自动完成。

（1）将一种类型的数据赋值给另一种类型的变量时就会发生自动类型转换。例如：

```
float f = 100;
```

其中，100 是 int 类型的数据，需要先转换为 float 类型才能赋值给变量 f。

再如：

```
int n = f;
```

其中，f 是 float 类型的数据，需要先转换为 int 类型才能赋值给变量 n。

在赋值运算中，两边的数据类型不同时，需要把右边表达式的类型转换为左边变量的类型，这可能会导致数据失真，或者精度降低。因此，自动类型转换并不一定是安全的。对于不安全的类型转换，编译器一般会给出警告。

（2）在不同类型的混合运算中，编译器也会自动地转换数据类型，将参与运算的所有数据先转换为同一种类型，然后再进行计算。具体转换规则如下。

① 转换按数据长度增加的方向进行，以保证数值不失真，或者精度不降低。例如，int 类型和 long 类型数据参与运算时，先把 int 类型的数据转换成 long 类型后再进行运算。

② 所有的浮点运算都是以双精度进行的，即使运算中只有 float 类型，也要先转换为 double 类型，才能进行运算。

③ char 和 short 参与运算时，必须先转换成 int 类型。

图 2-15 对这种转换规则进行了更加形象的描述。其中，unsigned 即 unsigned int，此时可以省略 int，只写 unsigned。

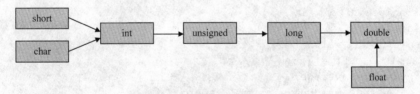

图 2-15　数据类型转换规则

【例 2-18】自动类型转换。

程序代码如下：

```
#include <stdio.h>
int main(){
    float PI = 3.14159;
    int s1, r = 5;
    double s2;
    s1 = r * r * PI;
    s2 = r * r * PI;
    printf("s1=%d, s2=%f\n", s1, s2);
```

```
        return 0;
    }
```
程序运行结果如下：
```
    s1=78, s2=78.539749
```

在计算表达式 r*r*PI 时，r 和 PI 都被转换成 double 类型，表达式的结果也是 double 类型。但由于 s1 为整型，因此赋值运算的结果仍为整型，舍去了小数部分，导致数据失真。

2. 强制类型转换

自动类型转换是编译器根据代码的上下文环境自行判断的结果，有时并不是那么"智能"，不能满足所有的需求。如果有必要，程序员也可以自行在代码中明确地提出要进行类型转换，称为强制类型转换。

自动类型转换是编译器默默地、隐式地进行的一种类型转换，不需要在代码中体现出来；强制类型转换是程序员明确提出的、需要通过特定格式的代码来指明的一种类型转换。换句话说，自动类型转换不需要程序员干预，强制类型转换必须由程序员干预。

强制类型转换的一般形式如下：
```
    (type_name) expression
```
其中，type_name 为新类型名称，expression 为表达式。例如：
```
    (float) a;              //将变量 a 转换为 float 类型
    (int)(x + y);           //把表达式 x+y 的结果转换为 int 类型
    (float) 100;            //将数值 100（默认为 int 类型）转换为 float 类型
```

【例 2-19】强制类型转换。
程序代码如下：
```
    #include <stdio.h>
    int main(){
        int sum = 103;         //总数
        int count = 7;         //数目
        double average;        //平均数
        average = (double) sum / count;
        printf("Average is %lf!\n", average);
        return 0;
    }
```
程序运行结果如下：
```
    Average is 14.714286!
```

上述代码中，sum 和 count 都是 int 类型，如果不进行干预，那么 sum/count 的运算结果也是 int 类型，小数部分将被丢弃；虽然 average 是 double 类型，可以接收小数部分，但是"心有余力不足"，小数部分被提前丢弃了，它只能接收到整数部分，这就导致除法运算的结果严重失真。

既然 average 是 double 类型，为何不充分利用，尽量提高运算结果的精度呢？要达到这个目标，只需将 sum 或者 count 其中之一转换为 double 类型。上面的代码中，将 sum

强制转换为 double 类型，这样 sum/count 的结果也将变成 double 类型，就可以保留小数部分了，average 接收到的值也会更加精确。

在这段代码中，有以下两点需要注意。

（1）对于除法运算，如果除数和被除数都是整数，那么运算结果也是整数，小数部分将被直接丢弃；如果除数和被除数其中有一个是小数，那么运算结果也是小数。这一点已在 C 语言加减乘除运算中进行了详细说明。

（2）()的优先级高于/，对于表达式(double) sum / count，会先运行(double) sum，将 sum 转换为 double 类型，然后再进行除法运算，这样运算结果也是 double 类型，能够保留小数部分。这里要注意不要写作(double) (sum / count)，这样写运算结果将是 3.000000，仍然不能保留小数部分。

类型转换只是临时性的：无论是自动类型转换还是强制类型转换，都只是为了本次运算而进行的临时性转换，转换的结果也会保存到临时内存空间，不会改变数据本来的类型或者值。请看下面的例子。

【例 2-20】类型转换。
程序代码如下：
```
#include <stdio.h>
int main(){
    double total = 400.8;      //总价
    int count = 5;             //数目
    double unit;               //单价
    int total_int = (int) total;
    unit = total / count;
    printf("total=%lf, total_int=%d, unit=%lf\n", total, total_int, unit);
    return 0;
}
```
程序运行结果如下：
```
total=400.800000, total_int=400, unit=80.160000
```

注意看第 6 行代码，total 变量被转换成 int 类型才赋值给 total_int 变量，这种转换并未影响 total 变量本身的类型和值。如果 total 的值变了，那么 total 的输出结果将变为 400.000000；如果 total 的类型变了，那么 unit 的输出结果将变为 80.000000。

3. 自动类型转换与强制类型转换的对比

在 C 语言中，有些类型既可以自动转换，也可以强制转换，如 int 到 double，float 到 int 等；有些类型只能强制转换，不能自动转换，如后文将要学到的 void*到 int*，int 到 char*等。

可以自动转换的类型一定能够强制转换，但是需要强制转换的类型不一定能够自动转换。到目前为止学到的数据类型，既可以自动转换，又可以强制转换，后续还会学到一些只能强制转换而不能自动转换的类型。

可以自动进行的类型转换一般风险较低，不会给程序带来严重的后果。例如，int

到 double 没有什么缺点，float 到 int 顶多是数值失真。只能强制进行的类型转换一般风险较高，或者行为"匪夷所思"。例如，char*到 int*就是很奇怪的一种转换，这会导致取得的值也很奇怪；再如，int 到 char*就是风险极高的一种转换，一般会导致程序崩溃。

使用强制类型转换时，程序员自己要意识到潜在的风险。

2.3 数据的输入输出

2.3.1 格式化输出函数 printf

printf 函数又称为格式化输出函数，其功能是按照用户指定的格式，把指定的数据输出到屏幕上。printf 函数的一般形式如下：

```
printf("格式控制字符串",输出表项);
```

其中，"格式控制字符串"用来说明"输出表项"中各输出项的输出格式，"输出表项"列出了要输出的项，各输出项之间用英文逗号分隔。输出表项也可以没有，此时表示输出的是格式字符串本身。

格式控制字符串有两种：格式字符串和非格式字符串。非格式字符串在输出的时候原样打印；格式字符串是以%开头的字符串，在%后跟不同格式字符，用来说明输出数据的类型、形式、长度、小数位数等。格式字符串的一般形式如下：

```
%[输出最小宽度] [.精度] [长度] 类型
```

例如，%d 格式符表示用十进制整型格式输出。%f 表示用实型格式输出，%5.2f 格式表示输出宽度为 5（包括小数点），包含 2 位小数。

printf 函数常用输出格式及其含义如表 2-7 所示。

表 2-7 printf 函数常用输出格式及其含义

格式字符	含义
d,i	以十进制形式输出有符号整数（正数不输出符号）
O	以八进制形式输出无符号整数（不输出前缀 0）
x	以十六进制形式输出无符号整数（不输出前缀 0x）
U	以十进制形式输出无符号整数
f	以小数形式输出单精度、双精度实数
e	以指数形式输出单精度、双精度实数
g	以%f 或%e 中较短输出宽度的一种格式输出单精度、双精度实数
C	输出单个字符
S	输出字符串

关于 printf 函数的更多用法，读者可以自行上机实验。

2.3.2 格式化输入函数 scanf

scanf 函数又称为格式化输入函数，即按照格式字符串的格式，从键盘上把数据输入到指定的变量中。scanf 函数的一般形式如下：

```
scanf("格式控制字符串",输入项地址列表);
```

其中，"格式控制字符串"的作用与 printf 函数相同，但不能显示非格式字符串，也就是不能显示提示字符串。"输入项地址列表"中的地址给出各变量的地址，地址由地址运算符"&"与变量名组成。

scanf 函数中格式控制字符串的构成与 printf 函数基本相同，但使用时有以下不同之处。

（1）格式说明符中，可以指定数据的宽度，但不能指定数据的精度。例如：

```
float a;
scanf("%10f",&a);            //正确
scanf("%10.2f",&a);          //错误
```

（2）输入 long 类型数据时必须使用%ld，输入 double 数据必须使用%lf 或%le。

scanf 函数所用的转换说明符与 printf 函数所用的几乎完全相同，主要区别在于，printf 函数把%f、%e、%E、%g、%G 同时用于 float 类型和 double 类型，scanf 函数只是把它们用于 float 类型，用于 double 类型时要求使用 l（字母 l）修饰符。scanf 函数常用转换说明符如表 2-8 所示。

表 2-8　scanf 函数常用转换说明符

转换说明符	含义
%c	把输入解释成一个字符
%d	把输入解释成一个有符号十进制整数
%e,%f,%g,%a	把输入解释成一个浮点数（%a 是 C99 的标准）
%E,%F,%G,%A	把输入解释成一个浮点数（%A 是 C99 的标准）
%i	把输入解释成一个有符号十进制整数
%o	把输入解释成一个有符号的八进制整数
%p	把输入解释成一个指针（一个地址）
%s	把输入解释成一个字符串：输入的内容以第一个非空白字符作为开始，并且包含直到下一个空白字符的全部字符
%u	把输入解释成一个无符号十进制整数
%x,%X	把输入解释成一个有符号十六进制整数

2.4　应用案例

【案例】编写程序，读取用户输入的代表总金额的 double 值，打印表示该金额所需的最少纸币张数和硬币个数，打印从最大金额开始。纸币的种类有十元、五元、一元，硬币的种类有五角、一角、贰分、壹分。

例如，输入 47.63，输出：

```
4 张十元
1 张五元
2 张一元
1 个五角
1 个一角
```

1 个贰分

1 个壹分

【分析】输入的总金额以元为单位（double 类型），首先将其乘以 100，再使用强制类型转换，将其换算成总金额对应的分（int 类型），如输入 47.63，对应的分是 4763。然后，使用算术运算符/和%分别求解出其他面额的数量。在运算时要注意，两个整数相除，结果是取整，如 4763/1000=4，4763%1000=763。

程序代码如下：

```c
#include <stdio.h>
int main{
    double totalMoney;        //钱币总金额（元）
    int totalPoints;          //钱币总金额（分）
    int tenDollars;           //十元纸币数
    int fiveDollars;          //五元纸币数
    int oneDollars;           //一元纸币数
    int fiveCents;            //五角硬币数
    int oneCents;             //一角硬币数
    int twoPoints;            //两分硬币数
    int onePoints;            //1 分硬币数
    printf("请输入钱币总金额:");
    scanf("%lf",&totalMoney);
    totalPoints =(int)(totalMoney*100);
    tenDollars = totalPoints / 1000;
    fiveDollars = totalPoints % 1000 / 500;
    oneDollars = totalPoints % 500 / 100;
    fiveCents = totalPoints % 100 /50;
    oneCents = totalPoints % 50 / 10;
    twoPoints = totalPoints % 10 / 2;
    onePoints = totalPoints % 2 / 1;
    printf("%d张十元\n",tenDollars);
    printf("%d张五元\n",fiveDollars);
    printf("%d张一元\n",oneDollars);
    printf("%d个五角\n",fiveCents);
    printf("%d个一角\n",oneCents);
    printf("%d个贰分\n", twoPoints);
    printf("%d个壹分\n",onePoints);
    return 0;
}
```

【思考】如果将五元的纸币兑换成 1 元、5 角和 1 角的硬币，共有多少种不同的兑换方法。

本 章 小 结

C 语言中运算符和表达式数量之多，在高级语言中是少见的。正是丰富的运算符和表达式使 C 语言功能完善。这也是 C 语言的主要特点之一。

C 语言的表达式由运算符、常量及变量构成。C 语言表达式基本遵循一般代数规则，常量和变量都可以参与加减乘除运算，如 1+1、hour−1、hour*60+minute、minute/60 等都是合法的表达式。这里的+、-、*、/称为运算符，参与运算的变量和常量称为操作数，上面 4 个由运算符和操作数所组成的算式称为表达式。

　　C 语言的运算符不仅具有不同的优先级，还有一个特点，就是它的结合性。在表达式中，各运算量参与运算的先后顺序不仅要遵守运算符优先级别的规定，还要受运算符结合性的制约，以便确定是自左向右进行运算，还是自右向左进行运算。这种结合性是其他高级语言的运算符所没有的，这也增加了 C 语言的复杂性。

本 章 习 题

一、填空题

1. 有如下程序段，程序的运行结果为＿＿＿＿。

```
#include <stdio.h>
int main()
{
    int a, b = 23, c = 1, d;
    a = (b ++, d = c ++ , c += d = b);
    printf ("a=%d,b=%d,c=%d,d=%d\n", a, b, c, d);
    return 0;
}
```

2. 若定义 int a = 100,b = 50;，则条件表达式 a > b ? a : b 的值为＿＿＿＿。

3. 若定义 int a = 0,b = 2,c; c = a > 0 && ++ b;，则运行语句后，b 的值为＿＿＿＿。

4. 表达式 7 > 6 > 5 的值是＿＿＿＿。

5. 若 int a = 10;，则运行完表达式 a += a *= 5 后，a 的值为＿＿＿＿。

6. 若定义变量 int a = 13, b = 6;，则表达式 a & b 的值为＿＿＿＿。

7. 在 32 位系统中有一个整型变量 a，只保留其低字节（高字节全 0），应进行的运算是 a = a &＿＿＿＿。

8. 若 int a = 10;，则运行完表达式 a += a -= a*a 后，a 的值为＿＿＿＿。

9. 表达式 18/4 * 4.0/8 的值的数据类型是＿＿＿＿。

10. 根据程序代码后面的提示，完成相应格式的输入输出。

输入样例：3.6543　6.78654。

输出样例：3.654300　6.786540。

3.65

3.65

```
#include <stdio.h>
int main()
{ float x;double y;
    scanf(_____);        //输入变量 x、y 的值（之间以空格间隔）
    printf(_____);        //输出 x、y 的值（之间以空格间隔）
    printf(_____);        //按照总宽度为 8，小数位数为 2 输出 x 的值
    printf(_____);        //按实际宽度输出 x 的值，并保留 2 位小数
```

```
        return 0;
    }
```

二、编程题

1. 从键盘输入某圆锥的底面半径和高，编写程序求其侧面积并输出（结果保留 2 位小数）。其中圆周率取 3.14159。

输入格式：输入两个实数，代表圆锥的底面半径和高（以空格间隔）。

输出格式：输出一个实数（保留 2 位小数）。

2. 编写一个程序，从键盘输入变量 x 和 y 的值，将它们打印输出（显示到屏幕）；然后将二者的值进行交换，并打印交换后的 x、y 值。例如，x 和 y 的输入值分别是 1 和 2，交换后，x 的值为 2 而 y 的值为 1。

输入样例：1 2。

输出样例：2 1。

3. 一只青蛙在 h 米深的井底，它白天往上爬 a 米，夜晚下滑 b 米，这只青蛙用了 d 天才从井中爬出。请编写程序，输入 h、a 和 b，计算并输出 d。

4. 编写程序实现：从键盘输入一个以秒为单位的时间值整数，将其转换成时、分、秒的形式输出。

输入格式：输入代表总秒数的整数。

输出格式：输出时、分、秒的整数值，以英文冒号分隔，最后换行。

输入样例：20000。

输出样例：5:33:20。

5. 输入一个 4 位数的整数，求其各数位上的数字之和。

输入格式：输入在一行中给出 1 个 4 位的正整数 n。

输出格式：在一行中输出 n 的各数位上的数字之和。

输入样例：1234。

输出样例：1234 各位之和是 10。

6. 设圆球的半径为 r，计算并输出圆球体积 V。输出结果保留 2 位小数。

提示：计算圆球体积的公式 $V=4/3\pi r^3$（$\pi=3.14$）。

输入格式：输入一个正整数半径 r（$0<r\leqslant 100$）。

输出格式：输出圆球的体积 V，保留两位小数。

输入样例：5。

输出样例：V = 523.33。

7. 据说一个人的标准体重应该是其身高（单位：厘米）减去 100，再乘以 0.9 所得到的公斤数。已知公斤是市斤的 2 倍。现给定某人身高，其标准体重应该是多少？

输入格式：输入一个正整数 H（$100<H\leqslant 300$），为某人身高。

输出格式：输出对应的标准体重，单位为市斤，保留小数点后 1 位。

输入样例：169。

输出样例：124.2。

第 3 章 程序设计基础

如今，一台个人计算机能够在一秒内运行数以亿计的指令，这些指令控制着计算任务按照程序设计的要求去完成。前面已经写了一些基本的输入输出程序，不难看出程序是一条一条语句串行运行的。接下来介绍两个重要的程序控制形式，根据所做决定运行程序的选择和反复运行某个操作的循环。选择结构、循环结构，以及之前介绍的顺序结构是构成程序的 3 种基本形式，使用这 3 种结构可以编写任何复杂程序。

最简单的一种决定就是二选一。在编写程序时，选择是通过所做决定控制程序运行的过程，选择时所做决定的结果可以直观地表示成要么为真（true），要么为假（false），在计算机硬件中可以简单地用 1 或者 0 表示。虽然做一次这样的选择非常简单，但是也应该注意到，一次次简单的选择通过恰当的方式组合起来可以形成一个非常复杂的决定。

当程序一条一条顺序运行到一个选择时，类似沿着某条路走到了一个分岔口，需要做出决定，选择一条分岔路继续走下去。在程序中表示这样决定的语句称为条件，它是一个布尔（Boolean）表达式，布尔表达式的值要么为真，要么为假。程序运行时会通过计算布尔表达式的值，选择下一条运行的语句，值为"真"时运行一条语句，值为"假"时运行另一条语句。不论运行哪条语句，选择语句完成后都继续顺序运行程序后面的其他语句。

可以通过条件来控制程序的运行，还可以通过条件控制语句反复运行。C 语言提供了两种循环语句：while 和 for。while 语句可以从反复（repetition）这个概念上理解，只要条件的布尔表达式值为"真"，while 中需要运行的语句就反复被运行，直到条件为"假"时才停止；for 语句可以从迭代（iteration）这个概念上理解，迭代是处理一个集合中的所有元素，一次处理一个，对于每个元素运行语句操作，在 C 语言程序中，经常需要迭代处理某些元素，因此 for 循环使用非常频繁。

3.1 分 支

3.1.1 布尔表达式

如前所述，布尔表达式作为选择的判断条件会生成一个或为真或为假的值，程序会根据这个值选择运行什么语句。在即将学习的循环结构中，也是通过布尔表达式来控制程序的运行的。

比较典型的布尔表达式一般表示为一个真假判断式子，如"x 大于等于 5"，即为判断 x 的值是否大于等于 5 的式子，其结果要么为真，要么为假，用 C 语言编写这个表达式为 "x >= 5"。为了表示 "大于等于" 这一关系，需要使用到一个符号 ">="，在 C 语言程序中，如果要表示"等于"这一关系是否也需要一个符号呢？虽然数学上是使用符号"="表示等于，但是在程序中 "=" 表示赋值。为了区别于 "="，程序中使用 "==" 表示等于。例如，表示 "x 等于 5" 应该是 "x == 5"。表示大小关系的运算符如表 3-1 所示。

表 3-1　表示大小关系的运算符

符号	说明
<	小于
>	大于
<=	小于等于
>=	大于等于
==	等于
!=	不等于

绝大多数高级编程语言都支持显式地表示真和假这两个值，它们的类型称为布尔类型。在 C 语言中，添加头文件 #include <stdbool.h> 即可直接使用布尔类型，值要么为真（true），要么为假（false），注意字母全小写。计算机硬件能存储的是 0 和 1，这里布尔值 true 存储为 1，false 存储为 0。更一般地，0 值即被认为是 false，非 0 值均被认为是 true。换句话说，条件可以是任意的表达式，其值非 0 即为真，为 0 时才为假。

3.1.2　if 语句

1. 单分支

if 语句是基本的选择结构，包含一个条件（用布尔表达式表示），条件的真假控制随后运行哪条语句，其一般形式如下：

```
if (条件) {
    语句1;
}
语句2;
```

（1）计算条件，一般为布尔表达式，其值要么为真，要么为假。
（2）如果条件为真，则运行以下操作：
- 运行 if 条件后面的一条语句或者复合语句，这里是语句 1；
- 运行完 if 语句后继续运行后续的语句，这里是语句 2。
（3）如果条件为假，则运行以下操作：
- 忽略 if 条件后面的一条语句或者复合语句，这里是不运行语句 1；
- 运行 if 语句后面的语句，即运行语句 2。

如果 if 条件后面需要运行的语句有多条，可以用大括号将它们括起来组成一组，称为复合语句。当条件为真时，复合语句将像运行一条语句一样一起被运行。

还有一种特殊的语句，它只有一个分号，称为空语句。空语句什么都不做，可以用

于测试其他语句,如打开文件语句,文件打开后什么都不做,只是测试文件打开功能是否正确,或者用于占位,留待后续使用。例如:

```
int my_int = -5;
if(my_int < 0) {
    my_int = 0;
}
printf("%d\n", my_int);
```

在这个例子中,声明了一个整型变量 my_int 并初始化为-5。然后是 if 语句,首先计算布尔表达式 my_int < 0 的值,小于运算符 "<" 和数学中的含义类似,比较两个值并返回一个布尔值。my_int 的值为-5,小于 0 为真,因此运行 if 条件后面的语句,一条包含一条语句的复合语句,它将 my_int 赋值成 0,至此 if 语句运行完毕。最后运行 if 语句后面的输出语句,在屏幕上显示 0。建议在写 if 条件后面的运行语句时将其写成复合语句,以避免一些常见的语法错误。

【思考】如果将条件修改成 my_int > 0,if 语句又该如何运行,输出结果是什么?

2. 双分支

在 if 语句的基础上可以添加其他语句,当条件为假时运行它们,即添加 else 子句,称为 if-else 语句,其一般形式如下:

```
if(条件) {
    语句 1;
}else{
    语句 2;
}
语句 3;
```

如图 3-1 所示,if-else 语句运行过程与 if 语句相比,主要区别如下。

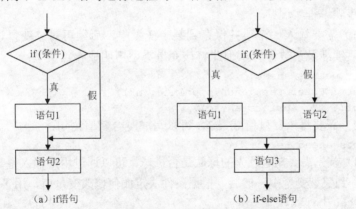

图 3-1　if 语句和 if-else 语句运行流程图

(1)计算条件,一般为布尔表达式,其值要么为真,要么为假。

(2)如果条件为真,则运行以下操作:

- 运行 if 条件后面的一条语句或者复合语句,这里是语句 1;
- 运行完 if 语句后继续运行后续的语句,这里是语句 2。

（3）如果条件为假，则运行以下操作。

- 运行 else 子句后面的一条语句或者复合语句，这里是语句 2；
- 运行 if 语句后面的语句，即运行语句 3。

例如：

```c
int first_int = 10, second_int = 20;
if (first_int > second_int) {
    printf("The first int is bigger!\n");
} else {
    printf("The second int is bigger!\n");
}
```

在上述代码中，条件 first_int > second_int 为"假"，程序直接跳到 else 子句运行其后的复合语句，在屏幕上显示"The second int is bigger!"。

【例 3-1】 在篮球场上，领先多少分是安全的？

篮球是一项比赛分值会很高的比赛，领先的一方可能很快就被超过。特别是在比赛最后阶段，领先球队的球迷希望知道什么时候取胜基本上万无一失从而放松心情。可以用一个简单的算法大致计算，其过程如下。

（1）获取领先球队的得分。

（2）将其减去 3。

（3）如果领先球队进球将其加半分，落后球队进球将其减半分，如果分值小于 0 则变成 0。

（4）将分值取平方。

（5）如果结果比比赛剩余的时间（以秒为单位计算）大，则领先球队是安全的，否则是不安全的。

下面按步骤编程实现。

步骤（1）需要输入一个值并保存到某个变量中，后续再对该变量进行相关运算操作，由于后续涉及小数计算，因此将该变量类型声明成浮点类型：

```c
float points_ahead;
printf("Enter the lead in points:\n");
scanf("%f", &points_ahead);
```

步骤（2）需要将该变量值减去 3，可以写成复合赋值语句：

```c
points_ahead -= 3;
```

步骤（3）首先需要知道领先的球队是否进球，可以通过用户输入整数 1 或者 0 得到，将其保存到整型变量中。然后，根据条件决定如何修改变量值，用条件语句实现：

```c
int has_ball;
printf("Does the lead team have the ball(1 or 0):\n");
scanf("%d", &has_ball);
if(has_ball == 1) {
    points_ahead += 0.5;
} else{
    points_ahead -= 0.5;
}
```

```
    if(points_ahead < 0) {
        points_ahead = 0;
    }
```

步骤（4）需要计算变量的平方值，可以调用数学函数 pow，也可以直接将变量相乘：

```
    points_ahead *= points_ahead;
```

步骤（5）需要输入比赛时间还剩多少秒，最后通过比较大小得出结论。

```
    int seconds_remaining;
    printf("Enter the number of seconds remaining:\n");
    scanf("%d", &seconds_remaining);
    if(points_ahead > seconds_remaining) {
        printf("Lead is safe.\n");
    } else{
        printf("Lead is not safe.\n");
    }
```

3. 条件运算符

针对简单的双分支结构，C 语言提供了专门的三元运算符：条件运算符 "? :"。条件表达式的一般形式如下：

表达式 1 ? 表达式 2：表达式 3

首先计算表达式 1 的值，如果为真，则计算表达式 2 的值，其值为整个表达式的值；否则计算表达式 3 的值，其值为整个表达式的值。例 3-1 的步骤（3）中的 if-else 语句可以简写如下：

```
    points_ahead += has_ball == 1 ? 0.5 : -0.5;
```

4. 关系运算符

如果要编写更复杂的布尔表达式，除了用到关系运算符外，还会混合使用其他运算符。例如：

```
    5 + 3 < 3 - 2
```

关系运算符的优先级低于算术运算符，因此先计算 $5+3$ 和 $3-2$，得到 $8<1$，表达式的值为假。对于 "=="，如果不小心写成 "="，表达式的含义将发生变化，"=" 会将其右值赋给左值，左值必须是可被修改的，一般为变量，整个表达式的值也将变成被赋值后的左值的值，若其值不为 0，则表示为真。

当比较两个浮点数是否相等时要格外小心，在使用有限的位表示无限可约的实数时一般会舍入，浮点数和其表示的实数之间可能会有细微的差别。例如，$(1e20 + -1e20) + 3.14$ 结果为 3.14，而 $1e20 + (-1e20 + 3.14)$ 结果还是 3.14 吗？为了体现这些细微差别，在判断两个浮点数是否相等时，通常限定两个数的差的绝对值是否小于某个很小的小数，如 0.0000001，使用绝对值函数表示为 abs(x−y)<1e-7，使用数学函数需要包括头文件 #include <math.h>。

如果出现多个关系运算符时也要特别注意，如果 a 的值是 3，那么 $0<a<5$ 的值又应该是多少呢？表达式的计算过程一般如下：首先根据运算符的优先级确定计算的先后

顺序，优先级相同的再看结合性。对于关系运算符等二元运算符而言，结合性为左结合，即从左往右计算。具体到这个表达式，计算的顺序等价于（0 < a）< 5，而 0 < a 的值要么为真，用 1 表示，要么为假，用 0 表示，结果都会比 5 小。换句话说，整个表达式不论 a 的值是多少，结果都为真。

5. 逻辑运算符

为了表达变量 a 是否在 0 和 5 之间这样一种关系，需要用到逻辑运算符。逻辑运算符有 3 个，分别是与、或、非，在程序中分别用&&、||、!表示。学习逻辑表达式最好的方法是通过表格列出所有可能的值，一般用 p 和 q 表示操作对象。

（1）逻辑非（!）。!p 反转 p 的值，如表 3-2 所示。
（2）逻辑与（&&）。p && q，只有当 p 和 q 都为真时才为真，如表 3-3 所示。
（3）逻辑或（||）。p || q，只有当 p 和 q 都为假时才为假，如表 3-4 所示。

表 3-2 逻辑非

操作对象	逻辑运算
p	!p
0	1
1	0

表 3-3 逻辑与

操作对象		逻辑运算
p	q	p && q
0	0	0
0	1	0
1	0	0
1	1	1

表 3-4 逻辑或

操作对象		逻辑或
p	q	p||q
0	0	0
0	1	1
1	0	1
1	1	1

回到开始的问题，在 C 语言程序中，正确表达变量 a 是否在 0 和 5 之间这种关系的表达式是(a >= 0) && (a <= 5)。小括号是否可以省略涉及运算符之间的优先级，在编程时，为了清晰地表达先后计算顺序，最直接的方法是为先计算的表达式加上小括号。C 语言中运算符的优先级见表 2-6。

逻辑与和逻辑或运算符还有一个称为"短路"求值的特性。简单来说，如果从第一个运算对象的值已经能够得出结果，那么直接得到结果，不再计算第二个运算对象。例如，(a >= 0) && (a <= 5)，如果条件 a >= 0 结果为假，根据逻辑与的计算特性，可以得知整个表达式的值为假，而不论条件 a <= 5 结果如何，因此可以不再计算 a <= 5，直接给出结果。逻辑或同理。

3.1.3 多分支

1. if-else if 语句

当出现多路分支时，又该如何组织选择语句呢？在 C 语言中，可以在 else 之后继续添加 if 语句来实现，其一般形式如下：

```
if(条件 1) {
    语句 1;
}else if (条件 2) {
    语句 2;
```

```
}else if (条件 3) {
   语句 3;
}
……//更多的 else if 子句
else{
   语句 n;
   }
   语句 n+1;
```

（1）计算条件 1，如果条件为真，则运行以下操作：

- 运行语句 1；
- 继续运行整个选择语句后面的语句，这里是语句 n+1。

（2）如果条件 1 为假，则计算条件 2，如果条件 2 为真，则运行以下操作：

- 运行语句 2；
- 继续运行整个选择语句后面的语句，这里是语句 n+1。

（3）如果条件 2 为假，则计算条件 3，如果条件 3 为真，则运行以下操作：

- 运行语句 3；
- 继续运行整个选择语句后面的语句，这里是语句 n+1。

……

（4）如果前面的条件都为假，则运行以下操作：

- 运行 else 子句中的语句 n；
- 继续运行整个选择语句后面的语句，这里是语句 n+1。

在选择语句中，只有 if 是必须有的，else 子句是可选的。当有多个 if 时，else 应该如何配对呢？配对原则就是，else 将与前面离它最近的未匹配的 if 配对。

【例 3-2】百分制转为五级制，如表 3-5 所示。

表 3-5　例 3-2

分值	五级	描述
90～100	A	优
80～89	B	良
70～79	C	中
60～69	D	及格
0～59	E	差

将 0～100 分的成绩转换成字符 A 到 E，分别对应五个等级的评价。使用 if-else if 语句构建多路分支结构。

程序代码如下：

```
float percent;
char ch;
printf("What is your percentage:\n");
scanf("%f", &percent);
```

```
if(percent >= 90 && percent <= 100) {
   ch = 'A';
}else if(percent >= 80 && percent < 90) {
   ch = 'B';
}else if(percent >= 70 && percent < 80) {
   ch = 'C';
}else if(percent >= 60 && percent < 70) {
   ch = 'D';
}else{
   ch = 'E';
}
printf("You received a %c\n", ch);
```

2. switch 语句

多路分支还可以使用 switch 语句实现，其一般形式如下：

```
switch (整数表达式) {
   case 常量表达式 1：语句 1
   case 常量表达式 2：语句 2
   ……
   case 常量表达式 n：语句 n
   default ：语句 n+1
}
```

（1）整数表达式：也称为控制表达式，需要用小括号括起来；可以是字符，不能是浮点数或字符串。

（2）常量表达式：与普通表达式类似，不能有变量；计算结果为整数。

（3）语句：可以有任意多条语句，不需要用括号括起来；最后的语句通常是 break 语句。

例如，下面是这两种方式实现成绩五级制的对比：

```
if(grade == 4) {              switch (grade) {
   printf("Excellent");       case 4:
}else if(grade == 3) {           printf("Excellent");
   printf("Good");               break;
}else if(grade == 2) {        case 3:
   printf("Average");            printf("Good");
}else if(grade == 1) {           break;
   printf("Poor");            case 2:
}else if(grade == 0) {           printf("Average");
   printf("Failing");            break;
}else {                       case 1:
   printf("Illegal grade");      printf("Poor");
}                                break;
                              case 0:
```

```
        printf("Failing");
        break;
    default:
        printf("Illegal grade");
        break;
    }
```

case 后面的常量表达式的值不能重复，case 子句顺序无关紧要，default 可以不是最后一条语句，同时多个 case 可以写在一起。例如：

```
switch (grade) {
case 4:
case 3:
case 2:
case 1:
    printf("Passing");
    break;
case 0:
    printf("Failing");
    break;
default:
    printf("Illegal grade");
    break;
}
```

如果没有 default，控制表达式的值又不与任何 case 后面的常量表达式匹配，则运行 switch 语句后面的语句。运行 break 语句会终止当前的 switch 语句，随后运行 switch 语句后的下一条语句。switch 语句实际上是一种"计算跳转"形式，当计算控制表达式后，程序跳转到与该值匹配的 case 子句运行，case 只不过是 switch 语句中指示位置的标记。

如果 case 结束时没有 break 语句（或其他跳转语句），程序将直接进入下一个 case 运行。例如：

```
switch (grade) {
case 4:
    printf("Excellent");
case 3:
    printf("Good");
case 2:
    printf("Average");
case 1:
    printf("Poor");
case 0:
    printf("Failing");
default:
    printf("Illegal grade");
}
```

如果 grade 的值为 3，程序运行结果为 GoodAveragePoorFailingIllegal grade。

【思考】例 3-2 中将百分制转换为五级制该如何用 switch 语句实现？

grade 可以这样计算：grade = (score / 10) < 6 ? 0 :(score / 10) – 5;。

3.2 循　　环

3.2.1　while 语句

while 语句的结构和 if 语句类似，同样包括循环条件和循环运行语句，其一般形式如下：

```
while (条件) {
    语句1;
}
语句2;
```

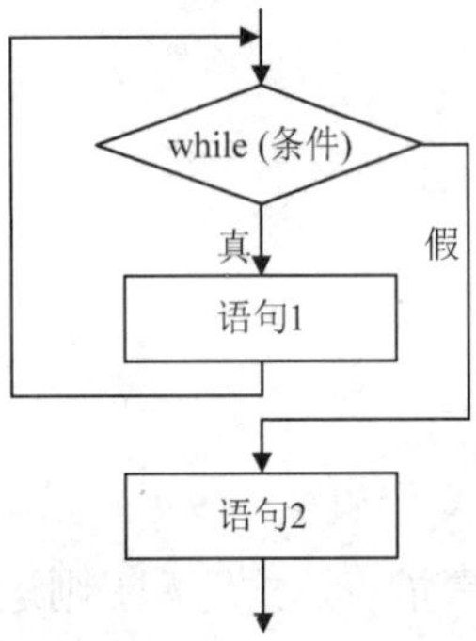

图 3-2　while 语句运行流程图

如图 3-2 所示，while 语句运行过程如下。

（1）程序运行到 while 语句时，首先计算条件的布尔表达式。

（2）如果条件为真，运行 while 循环语句，这里是复合语句中的语句 1。

（3）运行完循环语句后，再回到 while 开头，继续重新计算条件。

（4）如果条件依然为真，则循环过程继续，如果条件为假，则停止运行 while 循环语句，程序继续运行 while 语句后面的语句，这里是语句 2。

例如：

```
int x = 0;
while(x < 10) {
    printf("%d ", x);
    x += 1;
}
printf("\n");
printf("Final value of x: %d\n", x);
```

在上述代码中，在 while 循环运行之前，声明了一个整型变量 x 并将其初始化为 0。运行 while 语句：首先判断条件，此时 x 的值为 0，x < 10 为真，则运行 while 循环语句，打印 x 的值，并将 x 的值加 1，循环语句运行完后继续判断条件，如果为真则继续运行循环语句。不难看出，x 的值为 0 到 9 时，条件都为真，当 x 的值为 10 时，条件为假，停止运行 while 循环语句，程序继续运行 while 语句后面的语句。

需要注意的是，如果在进入 while 语句时，条件在第一次计算时就为假，则循环语句一次都不会被运行。另外，如果条件一直为真，则循环语句一直运行，上述代码中循环语句如果不修改 x 的值，x 的值将一直是 0，条件一直成立，循环会一直运行下去，这被称为"死循环"。

3.2.2　for 语句

for 语句结构稍显复杂，下面用 for 语句重现 3.2.1 节中的 while 语句的功能：

```
int x;
for(x = 0; x < 10; x++) {
    printf("%d ", x);
}
```

for 语句通过计数控制循环，for 语句中一般会有一个循环控制变量，在表达式 1 中设置变量的初始值，表达式 2 为循环条件，在表达式 3 中修改变量值让它朝循环结束变化，其一般形式如下：

```
for (表达式 1; 表达式 2; 表达式 3) {
    语句 1;
}
语句 2;
```

如图 3-3 所示，for 语句运行过程如下。

（1）运行表达式 1，只运行一次。

（2）计算表达式 2，如果条件为真，则运行 for 循环语句，这里是语句 1。

（3）运行表达式 3。

（4）计算表达式 2，如果条件依然为真，则循环过程继续，即继续运行循环语句 1 和表达式 3。

（5）如果表达式 2 为假，则停止运行 for 循环语句，程序继续运行 for 语句后面的语句，这里是语句 2。

for 语句中的 3 个表达式都可以省略，如果省略表达式 1，在循环开始前不会运行初始化操作，如果省略表达式 3，循环语句需要能够让表达式 2 的值最终为假。如果表达式 1 和表达式 3 都省略，则 for 循环就是一个变相的 while 循环。如果省略表达式 2，默认其值为真，则 for 语句不会终止（除非用其他方式中止），for(;;) 是一个无限循环。

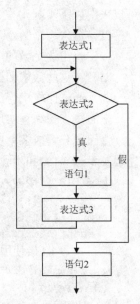

图 3-3　for 语句运行流程图

有时 for 语句需要多个初始化表达式，或者需要同时改变多个循环控制变量的值，此时可以用逗号表达式实现，其一般形式如下：

表达式 1，表达式 2

首先计算表达式 1 的值并丢弃，然后计算表达式 2 的值，其值为整个表达式的值。逗号运算符是左结合的，主要用于在 for 循环中同时对多个变量赋初值。例如：

```
for(sum = 0, i = 1; i <= N; i++) {
    sum += i;
}
```

不难看出，while 语句和 for 语句是等价的，只需将 for 语句中的表达式 1 置于 while 语句之前，表达式 2 成为 while 语句的条件，表达式 3 放在循环语句的最后，即可实现 for 语句的功能。那么 while 语句和 for 语句具体该如何选择使用呢？一般地，如果迭代次数确定，使用 for 语句更合适；如果循环次数未知，但什么情况下停止循环确定，则使用 while 语句更合适。

【例 3-3】寻找完数。

从古代开始，人们就一直在研究数字是什么以及数字相关行为的理论。早在公元前 300 年左右，数学家欧几里得将一类数称为完数（perfect number）。完数是一个整数并且其除本身外所有能整除的数之和等于其本身。例如：

$6 = 1 + 2 + 3$

$28 = 1 + 2 + 4 + 7 + 14$

$496 = 1 + 2 + 4 + 8 + 16 + 31 + 62 + 124 + 248$

知道完数的概念后，试着编写程序判断一个数是否为完数。提示：解决这个问题可以采用以下步骤。

（1）输入一个数。

（2）找出这个数的所有能整除它的数。

（3）将这些数求和。

（4）通过比较求得的和，以及输入的数，得出该数是否是完数的结论。

下面按步骤编程实现。

将问题分解成多个更简单的小问题后，可以从最容易的问题入手，逐一解决。首先解决步骤（1）和步骤（4）。

步骤（1）直接输入一个整数并保存：

```c
int number;
printf("Enter a number to check:\n");
scanf("%d", &number);
```

步骤（4）直接使用 if 语句输出判断结果：

```c
if(sum_of_divisors == number) {
    printf("%d is perfect", number);
} else{
    printf("%d is not perfect", number);
}
```

接下来，完成步骤（2）和步骤（3）。

步骤（2）需要找出能够整除输入数的那些数，整除就是两数相除余数为零，可以使用 if 语句进行判断。下面的代码将输出所有整除数，注意初始值为 1：

```c
int number = 28, divisor = 1;
while(divisor < number) {
    if(number % divisor == 0) {
        printf("%d ",divisor);
    }
    divisor += 1;
}
```

步骤（3）在步骤（2）中已经能够找出一个数除其本身外的所有整除数，如何求这些数之和，只需将步骤（2）的输出语句改为求和语句。注意求和的初始值为 0：

```c
int divisor = 1, sum_of_divisors = 0;
while(divisor < number) {
    if(number % divisor == 0) {
```

```
            sum_of_divisors += divisor;
        }
        divisor += 1;
    }
```

将上面的每一步骤的实现代码合理地组合在一起就可以得到整个问题的实现代码。下面是程序运行结果示例。

```
Enter a number to check:
128
128 is not perfect
Enter a number to check:
496
496 is perfect
```

【思考】如果改成 for 语句实现循环，应该如何编写程序？

现在试着扩展一下程序，寻找一定范围内的所有完数。要检查一系列的数，循环应该是不错的选择。不必逐一输入这些数，可以设置范围从 2 开始，到某个终点数结束：

```
int top_num, number;
printf("What is the upper number for the range:\n");
scanf("%d", &top_num);
for (number = 2; number <= top_num; number++) {
    //判断 number 是否为完数，如果是，则输出该数
}
```

在循环语句中，部分功能还没有实现，通常可以在该功能处用注释描述并标记，后面继续完善，类似先给程序搭好框架，再填充内容。这样问题解决的程序思路是清晰的，即使目前程序还无法完整地运行。

好消息是待实现的这部分功能在上面的例子中已基本完成，只需按照要求恰当地放在注释的地方。完整的程序代码如下：

```
#include <stdio.h>
int main()
{
int top_num, number, divisor, sum_of_divisors;
printf("What is the upper number for the range:\n");
scanf("%d", &top_num);
for(number = 2; number <= top_num; number++) {
    divisor = 1;
    sum_of_divisors = 0;
    while(divisor < number) {
        if(number % divisor == 0) {
            sum_of_divisors += divisor;
        }
        divisor += 1;
    }
    if(sum_of_divisors == number) {
        printf("%d ", number);
```

```
        }
    }
    return 0;
}
```

到此，寻找完数的功能就完成了。不难看出，考察一系列数需要用到循环，而在判断每一个数时同样需要用到循环，这称为嵌套。根据程序需要，for、while、if 等可以自由组合，赋予程序实现极高的自由度。当然，如果嵌套层次过多，则会影响程序的可读性。可以重新编排逻辑，或者将某一个部分封装成一个具体功能，然后用函数实现，以提高程序的可读性。

3.2.3 跳转语句

1. break 语句

在 switch 语句中已经使用过 break 语句，它可以立即中止 switch 语句运行。break 语句同样可用于控制循环语句的跳转。当得到想要的结果后，循环或者 switch 语句没有必要再继续下去，使用 break 语句，可以退出一层循环或 switch 语句，转到这层循环或 switch 语句之后的那条语句，只能在 switch 语句或循环语句中使用 break 语句。

break 语句为非正常退出语句，虽然它会降低程序的可读性，但是可以提高程序的性能。

例如，在猜数字游戏中，一方确定一个[0,100]的数字，在另一方猜测一个数字后告诉他是高，还是低，如果猜中则游戏结束，调用 break 语句退出循环。程序代码如下：

```c
int guess, number = 75;
printf("Guess a number:\n");
scanf("%d", &guess);
while(guess >= 0 && guess <= 100) {
    if(guess > number) {
        printf("Guessed too high.\n");
    } else if(guess < number) {
        printf("Guessed too low.\n");
    } else{
        printf("You guessed it. The number was: %d.\n", number);
        break;
    }
    printf("Guess a number:\n");
    scanf("%d", &guess);
}
```

这里出现了一类常见的问题处理模板，循环条件需要事先输入信息，条件满足运行循环语句后，需要提供新的信息以供下次循环条件使用。

```
输入猜的数
while (猜的不对) {
    提示猜测有误。
    重新输入猜的数。
}
```

2. continue 语句

某些情况下，程序可能需要跳过循环语句中的剩余部分，直接回到循环条件处，即本次循环中止，开始下一次循环，此时可以使用 continue 语句实现此功能。

假定让用户输入一系列偶数并将其相加，如果输入奇数则给出错误提示，忽略这个数并让用户继续输入，当输入 0 时结束。程序代码如下：

```
int number, sum = 0;
printf("Allow the user to enter a series of even integers. Sum the
        m.\n");
printf("Ignore non-even input. End input with 0\n");
printf("Number:\n");
scanf("%d", &number);
while(number != 0) {
    if(number % 2 == 1) {
        printf("Error, only even numbers please.\n");
        printf("Number:\n");
        scanf("%d", &number);
        continue;
    }
    sum += number;
    printf("Number:\n");
    scanf("%d", &number);
}
printf("The sum is: %d.\n", sum);
```

在上述代码中，可以注意到循环中有两条需要用户重新输入的语句，代码是否可以更有效率呢？

下面使用 if-else 语句试试：

```
while(number != 0) {
    if(number % 2 == 1) {
        printf("Error, only even numbers please.\n");
    } else{
        sum += number;
    }
    printf("Number:\n");
    scanf("%d", &number);
}
```

可以发现新的实现代码在以下 3 个方面做了改进。

（1）用 if-else 语句替换了 continue 语句，循环中不再有非正常中止控制流。

（2）重新输入信息放在循环最后，与之前提到的问题处理模板保持一致。

（3）在循环中只有一次重新输入信息语句，代码更简洁。

当读者能够独立编写实现代码并能读懂自己所写的代码时，最好能够利用新的框架、更有效的实现、更好的算法改进自己的代码。修改已有代码，改进代码质量，但功能保持不变，这一工作称为重构。上面的偶数求和就是一个不错的示例。

3.2.4 do-while 语句

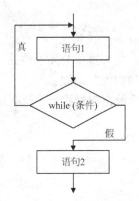

图 3-4　do-while 语句运行流程图

在上面的例子中，循环条件依赖于循环语句中的输入语句。换句话说，输入语句至少应先运行一次。C 语言提供了 do-while 循环语句并实现这样的结构，其一般形式如下：

```
do {
    语句 1;
} while (条件);
语句 2;
```

While 语句是先判断条件，再决定是否运行循环语句；do-while 语句是先至少运行一次循环语句，再根据循环条件判断是否继续循环，如图 3-4 所示。

3.3　应 用 案 例

【案例】输出冰雹序列。冰雹序列的计算过程如下。

（1）如果数是偶数，则除以 2。

（2）如果数是奇数，则乘以 3 再加 1。

（3）当数到 1 时结束。因为到 1 后，后面是 4 2 1 4 2 1 4 2 1 4 2 1 无限重复。

【分析】将冰雹序列公式应用于输入的初始数字，并不断地对新的数字运用公式，最后程序停在数字 1，同时输出序列的长度。例如，输入 5，其冰雹序列为 5 16 8 4 2 1，长度为 6。试试输入 27 后结果是怎样的。

确定一个数的奇偶性的程序比较简单，只需使用求余运算符对 2 求余数。代码如下：

```
if (number % 2 == 1) {
    printf("%d is odd.\n", number);
} else {
    printf("%d is even.\n", number);
}
```

由于在布尔表达式中，非 0 即为真，因此布尔表达式 number % 2 == 1 可以简写为 number % 2。代码如下：

```
if (number % 2) {
    printf("%d is odd.\n", number);
} else {
    printf("%d is even.\n", number);
}
```

编写代码实现冰雹序列的输出，观察序列如何变化到 1。如果输出序列不是到 1 结束，要么程序有问题，要么有了一个重大发现：

```
#include <stdio.h>
int main()
{
```

```
int number, count = 1;
printf("Enter a positive integer:\n");
scanf("%d", &number);
printf("Starting with number: %d\n", number);
printf("Sequence is : ");
while(number > 1) {
    if(number % 2) {
        number = number * 3 + 1;
    } else{
        number /= 2;
    }
    printf("%d ", number);
    count++;
}
printf("\n");
printf("Sequence is %d numbers long.\n", count);
return 0;
}
```

还有一些有趣的问题可以挖掘，例如，不同的初始数字的序列中有没有共同的子序列？如果有，最长的公共子序列是什么？一个范围之内的数（如 100 之内的数）的最长序列是多长？

本 章 小 结

本章介绍了程序控制中的选择结构，包括 if、if-else、if-else if、switch 语句，以及关系运算符和逻辑运算符，如表 3-6 所示。

表 3-6　C 语言中的选择结构与关系运算符和逻辑运算符

内容	描述	备注
关系运算符	>, <, >=, <=, ==, !=	<, <=, >, >=的优先级高于==和!= 关系运算符的优先级低于算术运算符
逻辑运算符	&&, ||, !	除!为一元运算符之外，&&和||均为二元运算符，并且!的优先级高于&&，&&的优先级高于||
条件运算符	?:	三元运算符
if 语句	if(表达式) 语句 A	用于单分支选择控制
if-else 语句	if(表达式) 语句 1 else 语句 2	用于双分支选择控制
if-else if 语句	if(表达式 1) 语句 1 else if(表达式 2) 语句 2 …… else if(表达式 m) 语句 m else 语句 m+1	用于多分支选择控制

续表

内容	描述	备注

switch 语句	switch (表达式)
	{
	 case 常量表达式 1：语句序列 1
	 case 常量表达式 2：语句序列 2
	……
	 case 常量表达式 n：语句序列 n
	 default：语句序列 n+1
	}
		用于多分支选择控制

本章还介绍了程序控制中的循环结构，包括 while、for、do-while 语句，以及循环跳转语句 break、continue 等，如表 3-7 所示。

表 3-7　C 语言中的循环结构

内容	描述	备注

while 语句	while (表达式)
	{
	 循环语句
	}
		用于实现当型循环控制结构。适用于循环次数未知、条件控制的循环

for 语句	for (表达式 1; 表达式 2; 表达式 3)
	{
	 循环语句
	}
		用于实现当型循环控制结构。在循环顶部进行循环条件测试，如果循环条件第一次测试就为假，则循环体一次也不运行。适用于循环次数已知、计数控制的循环

do-while 语句	do{ 循环语句 }while(表达式);	用于实现直到型循环控制结构。在循环底部进行循环条件测试，循环至少运行一次。适用于循环次数未知、条件控制的循环
break 语句	用于退出 switch 语句或一层循环结构	用于流程控制
continue 语句	用于结束本次循环、继续运行下一次循环	用于流程控制
逗号运算符	表达式 1, 表达式 2	优先级最低，具有左结合性。通常使用逗号表达式的目的并非要得到和使用整个逗号表达式的值，而仅仅是顺序计算各个表达式的值

本 章 习 题

一、单选题

1. 下列程序段的运行结果是（　　　）。

```c
int main(void)
{
    int a = 2, b = -1, c = 2;
    if(a < b)
        if(b < 0)
            c = 0;
```

```
        else  c++;
    printf("%d\n",c);
    return 0;
}
```

　　A. 0　　　　　　　B. 1　　　　　　C. 2　　　　　　D. 3

2. 在嵌套使用 if 语句时，C 语言规定 else 总是（　　　）。

　　A. 与之前与其具有相同缩进位置的 if 配对

　　B. 与之前与其最近的 if 配对

　　C. 与之前与其最近的且不带 else 的 if 配对

　　D. 与之前的第一个 if 配对

3. 下列程序段的运行结果是（　　　）。

```
int main(void)
{
    int x = 1, a = 0, b = 0;
    switch(x)
    {
        case 0:   b++;
        case 1:   a++;
        case 2:   a++; b++;
    }
    printf("a=%d,b=%d\n",a,b);
    return 0;
}
```

　　A. a=2,b=1　　　　B. a=1,b=1　　　　C. a=1,b=0　　　　D. a=2,b=2

4. 能正确表示逻辑关系 a≥10 或 a≤0 的 C 语言表达式是（　　　）。

　　A. a>=10 or a<=0　　　　　　　　B. a>=0 | a<=10

　　C. a>=10 && a<=0　　　　　　　　D. a>=10 || a<=0

5. 如果从键盘输入 65 14<回车>，则下列程序运行结果为（　　　）。

```
int main(void)
{
    int  m, n;
    printf("Enter m,n;");
    scanf("%d%d", &m,&n);
    while(m != n)
    {   while(m > n)      m = m - n;
        while(n > m)      n = n - m;
    }
    printf("m=%d\n",m);
    return 0;
}
```

　　A. m=3　　　　　　B. m=2　　　　　　C. m=1　　　　　　D. m=0

6. 在 C 语言中，while 和 do-while 循环的主要区别是（　　　）。

　　A. do-while 的循环体至少无条件运行一次

　　B. while 的循环控制条件比 do-while 的循环控制条件严格

    C. do-while 允许从外部转到循环体内

    D. do-while 的循环体不能是复合语句

7. 设有程序段：

```
int m = 20; while (m = 0) m = m++;
```

则下列描述中，正确的是（　　）。

    A. while 循环运行 10 次　　　　　　　B. 循环是无限循环

    C. 循环体语句一次也不运行　　　　　D. 循环体语句运行一次

8. 下列程序段运行后，s 值为（　　）。

```
int I = 5, s = 0;
while(i--)
    if(i%2) continue;
    else s += i;
```

    A. 15　　　　　　　B. 10　　　　　　　C. 9　　　　　　　D. 6

9. 下列循环运行的次数是（　　）。

```
for(int i = 0,j = 10; i = j = 10; i++,j--)
```

    A. 语法错误，不能运行　　　　　　　B. 无限次

    C. 10　　　　　　　　　　　　　　　　D. 1

10. 从循环体内某一层跳出，继续运行循环体外语句的是（　　）。

    A. break 语句　　　　　　　　　　　　B. if 语句

    C. 空语句　　　　　　　　　　　　　　D. continue 语句

二、编程题

1. 已知某城市普通出租车收费标准：起步里程为 3 公里，起步价为 8 元，10 公里以内超过起步里程的部分，每公里加收 2 元，超过 10 公里以上的部分加收 50%的回空补贴费，即每公里 3 元。出租车营运过程中，因堵车和乘客要求临时停车等客的，按每 5 分钟加收 2 元计算，不足 5 分钟的不计费。从键盘任意输入行驶里程（精确到 0.1 公里）和等待时间（精确到分钟），请编程计算并输出乘客应支付的车费，对结果进行四舍五入，精确到元。

2. 从键盘输入一个整型（int）数据，编写程序判断该整数共有几位。例如，从键盘输入整数 16644，输出该整数共有 5 位。

3. 从键盘输入一系列正整数，输入-1 表示输入结束（-1 本身不是输入的数据）。编写程序判断输入数据中奇数和偶数的个数。如果用户输入的第一个数据就是-1，则程序输出 "over!"。否则，用户每输入一个数据，就输出该数据是奇数还是偶数，直到用户输入-1 为止，分别统计用户输入数据中奇数和偶数的个数。

4. 从键盘任意输入一个公元年份（大于等于 1），判断它是否是闰年。若是闰年，则输出 "Yes"，否则输出 "No"。已知符合下列条件之一者是闰年。

（1）能被 4 整除，但不能被 100 整除。

（2）能被 400 整除。

5. 从键盘输入任意一个字符，判断该字符是英文字母（不区分大小写）、数字字符

还是其他字符。若输入字母，则屏幕显示"It is an English character."；若输入数字则屏幕显示"It is a digit character."；若输入其他字符，则屏幕显示"It is other character."。

6. 从键盘输入一个 4 位整数 n，编写程序将其拆分为两个 2 位整数 a 和 b，计算并输出拆分后的两个数的加、减、乘、除和求余运算的结果。例如，n=-4321，设拆分后的两个整数为 a 和 b，则 a=-43，b=-21。除法运算结果要求精确到小数点后 2 位，数据类型为 float。求余和除法运算需要考虑除数为 0 的情况，即如果拆分后 b=0，则输出提示信息"The second operater is zero!"。

7. 我国古代的《张丘建算经》中有这样一道著名的百鸡问题："鸡翁一，值钱五；鸡母一，值钱三；鸡雏三，值钱一。百钱买百鸡，问鸡翁、鸡母、鸡雏各几何？"其意为公鸡每只 5 元，母鸡每只 3 元，小鸡 3 只 1 元。用 100 元买 100 只鸡，问公鸡、母鸡和小鸡各能买多少只？请编程求解该问题。

8. 猴子第一天摘了若干桃子，吃了一半，不过瘾，又多吃了 1 个。第二天早上将剩余的桃子又吃掉一半，并且又多吃了 1 个。此后每天都是吃掉前一天剩下桃子的一半多一个。到第 n 天再想吃时，发现只剩下 1 个桃子，问第一天它摘了多少个桃子？为了加强交互性，由用户输入不同的天数 n 进行递推，即假设第 n 天的桃子数为 1。

第 4 章 函　数

一个程序中的部分代码可能会在不同的时候用到多次，如果每次都重复编写该代码，不但费时费力、容易出错，而且交给别人时也很麻烦。因此，C 语言提供了一个功能，允许将常用的代码以固定的格式封装（包装）成一个独立的模块，只要知道这个模块的名称就可以重复使用它，这个模块称为函数。main 函数就是一个函数，除了 main 函数外还有哪些函数呢？能否自己写一个函数呢？如何使用一个写好的函数？本章将带领读者解开这些谜题。

4.1　函　数　基　础

函数是从英文 function 翻译过来的，意思是功能、函数等。程序设计中的函数是一段可以重复调用的、实现特定功能的程序段。C 语言中的函数要遵循特定的语法格式，这些语法会在 4.1.2 节中详细说明。

C 语言源程序由一个或多个函数组成，每个 C 语言程序都必须要有一个主函数 main，但是该函数只能有一个（因为主函数是 C 语言程序运行的入口函数，具有唯一性，如果有多个主函数，会导致程序报错）。

其他函数如果要被运行，必须直接或间接被主函数调用，函数调用的方法在本章也将介绍。

4.1.1　函数的分类

为了对函数进行分类，需要一定的分类标准。从函数定义的角度，通常将其分为库函数和用户自定义函数。

1. 库函数

库函数由 C 语言系统提供，用户（我们）在自己的程序中不用定义，也不必声明，只需要在程序调用前用特定的方式包含该函数所需要的头文件（如#include <stdio.h>，不同的函数头文件也不同，具体请自行查阅函数的帮助文档）。

C 语言中的常见库函数有以下几种。

（1）输入输出函数：输出函数 printf、输入函数 scanf 等。

（2）数学函数：绝对值函数 abs、指数函数 pow、正弦函数 sin 等。

注意：使用库函数需要在该程序的开头包含对应的头文件，不同类型的库函数，所需要包含的头文件不一样，如#include <stdio.h>（使用输入输出函数），#include <math.h>

（使用数学库函数）。

2. 用户自定义函数

C 语言虽然提供了大量的标准库函数，但是实际项目中所需要实现的功能很多无法直接调用这些库函数实现，怎么办？

C 语言还允许用户自定义函数。用户可以把希望实现的功能用 C 语言编写成一个个相对独立的函数模块，然后在需要时供自己或其他程序员调用。

编写 C 语言程序就是为了实现某个功能而调用各种函数的过程，如果库函数能实现该功能，直接调用即可；如果没有对应的库函数实现该功能，就需要自定义一个新的函数来实现它了。

本章主要介绍用户自定义函数的使用方法。

4.1.2　函数的三要素：定义、调用、声明

用户自定义函数的使用一般需要 3 个步骤：函数定义、函数调用和函数声明。

C 语言要求函数先定义，后调用。如果自定义函数被放在主调函数后面，需要在函数被调用前，加上函数声明。

下面详细介绍函数的使用方法。

1. 函数定义

函数定义的一般形式如下：

```
函数返回值类型 函数名（形式参数表）        //函数首部
{
    函数实现过程                        //函数体
}
```

例如，下面的语句定义了一个求整数的平方的函数：

```
int pingfang(int a)
{
    int n = a * a;
    return n;
}
```

图 4-1 所示为上面示例的具体说明。

函数定义语法说明如下。

（1）函数返回值类型。函数的返回值是指函数被调用之后，运行函数体中的代码所得到的结果，这个结果在函数中通过 return 语句返回。

return 语句的一般形式如下：

```
return 表达式;
```

或者

```
return (表达式);
```

有没有()都是正确的，为了简明，一般不写()。

函数返回值类型就是函数期望得到的结果的类型，该类型有两种情况：一种是无返

回值类型，使用 void；另一种是常用数据类型，如 int、float、double、char 等，该类型需要根据实际的函数功能来确定，如 pingfang 函数中 int 类型的数据的平方结果是整数，所以其函数返回值为 int 类型。函数返回值详情参见 4.1.4 节。

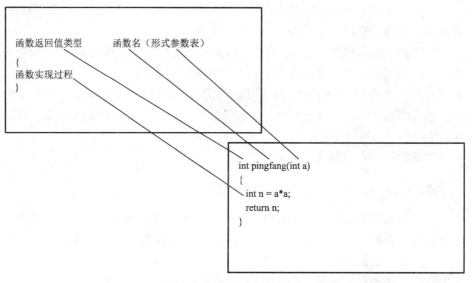

图 4-1　函数定义语法说明

（2）函数名。用户自己为函数取的名称，如上面的函数名 pingfang。命名要求符合 C 语言命名规则，且不能与其他函数及关键字同名（定义同名函数，编译时会报错，提示函数不得重复定义:Redefinition）。

（3）形式参数表：注意与函数调用的实际参数表加以区分。

形式参数表的一般形式如下：

    类型 变量名

如果有 2 个参数，其一般形式如下：

    类型 1 变量名 1，类型 2 变量名 2

常用类型有 int、float、double、char 等，如果没有参数，可以使用 void。

注意：函数参数列表有多个参数的情况下，有以下原则。

（1）参数与参数之间用英文逗号分隔。

（2）即使多个参数的类型是相同的，每个类型也不能省略。

例如，下面函数的参数存在语法错误：

```
void move(char x,y)
{
    printf("%c-->%c\n", x, y);
}
```

正确的语法格式如下：

```
void move(char x,char y)
{
    printf("%c-->%c\n", x, y);
}
```

注意：C语言中所有的函数定义都是平行的，函数定义不能嵌套。也就是说，函数定义不能置于另一个函数的函数体内（函数体通常被一对大括号括起来）。

下面给出一个错误的函数定义示例。

```
int pingfang(int a)
{
    int n = a * a;
    int lifang(int b)            //错误：函数定义不能置于另一个函数体内
    {
        int m = b * b * b;
        return m;
    }
    return n;
}
```

正确的方法是将 lifang 函数的定义置于 pingfang 函数的函数体之外。

```
int pingfang(int a)
{
    int n = a * a;
    return n;
}
int lifang(int b)
{
    int m = b * b * b;
    return m;
}
```

2. 函数调用

函数调用的一般形式如下：

函数名（实际参数表）

注意：函数调用中的参数一般称为实际参数，简称实参。前面函数定义中的参数称为形式参数，简称形参。

请重点理解形参与实参的区别与联系，详情见 4.1.3 节。

3. 函数声明

函数声明的一般形式如下：

函数首部；　　　　　　　　　　　　　　//注意末尾有分号

其中，函数首部是在函数定义中学过的部分，因此，完整的函数声明形式如下：

函数返回值类型 函数名（形式参数表）；

【例 4-1】请编写一个程序，输出 2～100 之间的所有素数。

素数就是只能被 1 和自身整除的正整数，1 不是素数，2 是素数。

要求定义和调用函数 prime(m) 判断 m 是否为素数，当 m 为素数时返回 1，否则返回 0。

【分析】本题考查的知识点主要有以下两个。

（1）素数的判别方法。

对[2,m)中的每一个整数 i（不包括 m），如果每一个 i 都不整除 m，那么 m 就是素数。

注意：要考虑特殊的数，1 不是素数，2 是素数。

（2）函数的基本使用方法。

程序代码如下：

```c
//使用函数求 100 以内的全部素数
#include <stdio.h>
int main(void)
{
    int m;
    int prime(int m);                //函数声明
    for(m = 2; m <= 100; m++){
        if(prime(m) != 0){           //调用 prime(m)判断 m 是否为素数
            printf("%6d", m);        //输出 m
        }
    }
}
//定义判断素数的函数，如果 m 是素数则返回 1（"真"）；否则返回 0（"假"）
int prime(int m)
{
    int i;
    if(m == 1) return 0;             //1 不是素数，返回 0
    for( i = 2; i < m; i++)
      if(m % i == 0){                //如果 m 不是素数
        return 0;                    //返回 0
      }
    return 1;                        //m 是素数，返回 1
}
```

程序运行结果如下：

```
2     3     5     7    11    13    17    19    23    29    31    37    41
43    47    53    59    61    67    71    73    79    83    89    97
```

程序解释：函数 prime 为判断素数的函数，形参为一个整数，返回值为 1 或 0；根据参数判断其是否为素数，是返回 1，不是返回 0；然后在主函数中通过循环调用该函数判断 2～100 的每个整数，如果返回 1（为素数）则输出该整数。

4.1.3　形参和实参

　　C 语言函数的参数会出现在两个位置，分别是函数定义处和函数调用处，这两个位置的参数是有区别的。

　　在函数定义中出现的参数可以看作一个占位符，它没有数据，只能等到函数被调用时接收（从实参）传递来的数据，所以称为形参。

　　函数被调用时的参数包含了实实在在的数据，所以称为实参。

形参和实参的功能是传递数据，发生函数调用时，实参的值会传递给形参。

为了便于理解，打个比喻：把函数比喻成一台榨汁机，那么形参就是水果（指定只能放水果，不能放其他类型的物体，否则函数——榨汁机将无法正常工作），函数没有被调用之前，人们不知道它到底是什么水果（榨汁机中还没有放入水果）。当函数被调用，如放入一个苹果，苹果就是一个实参。

说明：

（1）形参一般是变量，实参可以是常量、变量、表达式、函数等，无论实参是何种类型的数据，在进行函数调用时，它们都必须有确定的值，以便把这些值传递给形参，所以应该提前用赋值、输入等方法使实参获得确定值。

（2）实参和形参在数量上、类型上、顺序上必须严格一致，否则会发生"类型不匹配"错误。当然，如果能够进行自动类型转换，或者进行强制类型转换，那么实参类型也可以不同于形参类型。

（3）函数调用中发生的数据传递是单向的，只能把实参的值传递给形参，而不能把形参的值反向传递给实参；一旦完成数据的传递，实参和形参就再也没有"瓜葛"了。因此，在函数调用过程中，形参的值发生改变并不会影响实参。例如：

```
#include <stdio.h>
void f(int x);
int main(void)
{
    int a = 1;
    f(a);
    printf("%d\n",a);
    return 0;
}
void f(int x)
{
    x = 2;
}
```

实参 a 的值为 1，把这个值传递给函数 f 后，形参 x 的初始值也为 1，在函数运行过程中，形参 x 的值变为 2。函数运行结束后，输出实参 a 的值仍为 1，可见实参的值不会随形参的变化而变化。

（4）形参和实参虽然可以同名，但是它们是存储在不同位置、相互独立的两个不同的参数。除了单向传递参数的一瞬间（实参值传递给形参），其他时候是没有任何"瓜葛"的。例如：

```
#include <stdio.h>
void f(int x);
int main(void)
{
    int a = 1;
    f(a);                      //实参 a
    printf("%d\n",a);
    return 0;
```

```
}
void f(int a)                        //形参 a
{
    a = 2;                           //形参 a 值变为 2，不影响主函数中的实参 a
}
```

4.1.4 函数的返回值

函数的返回值是指函数被调用之后，运行函数体中的代码所得到的结果。

函数返回值要根据函数的实际需要来确定，有的函数不需要返回值。根据函数是否有返回值，可以把函数分为无返回值的函数和有返回值的函数。

1. 无返回值的函数

无返回值的函数是指不需要向调用它的函数返回值的函数。下面从函数定义首部、函数定义中的函数体及函数调用 3 个方面来讨论它的使用方法。

（1）函数定义首部（无返回值的函数），其一般形式如下：

```
void 函数名（形式参数表）        //返回类型 void
{
}
```

返回值类型处用 void。

（2）函数定义中的函数体（无返回值的函数）。其一般形式如下：

```
void printNumber(int a)
{
    printf("%d",a);              //函数体中不用 return
}
```

无返回值函数定义的函数体中不使用 return，因为它不需要返回值。

（3）函数调用（无返回值的函数）。

一旦函数的返回值类型被定义为 void，它就是一个没有返回值的函数，所以在调用这个函数时不能对其进行输出或者赋值等。

例如，上面的函数 printNumber，其一般调用形式类似以下语句：

```
printNumber(3);
```

下面的调用是有问题的：

```
x = printNumber(3);
printf("%d",printNumber(3));
```

为了使程序有良好的可读性并减少出错，凡是不返回值的函数都应定义为 void 类型。

2. 有返回值的函数

有返回值的函数是指需要向调用它的函数返回值的函数。函数的返回值类型需要根据具体的函数功能来确定。同样，从函数定义首部、函数定义中的函数体及函数调用 3 个方面来讨论它的使用方法。为便于讨论，下面以前面的平方函数为例来进行说明，该函数用来求一个整数的平方。

（1）函数定义首部（有返回值的函数），其一般形式如下：

返回值类型 函数名（形式参数表）　　　　// 返回类型
```
{
}
```

有返回值的函数的返回值类型可以是除 void 之外的其他类型，可以使用 int、float、double、char 等常用数据类型，具体类型要依据程序结果的数据类型来确定。例如，int 数据的平方还是 int 类型，函数返回值一般也为 int 类型；double 数据的平方为 double 类型，函数返回值一般为 double 类型。例如：

```
int pingfang(int a)
{
    return a*a;
}
```

（2）函数定义中的函数体（有返回值的函数）。例如：

```
int pingfang(int a)
{
    return a*a;
}
```

有返回值函数定义的函数体中必须要用 return 语句返回一个值，这个值的类型一般与返回值类型一致。

return 语句可以有多个，可以出现在函数体的任意位置，但是每次调用函数有且只有一个 return 语句被运行，所以 C 语言的函数只能有一个返回值。

下面是一个错误的例子：

```
int f(int a)
{
    if(a < 0)
        return -a;
}
```

上述代码中，当参数大于 0 时，没有运行 return 语句，所以此时函数没有返回值，与函数返回值类型 int 不符。

改成下面的函数就正确了，当 a 小于 0 的时候运行 return -a;语句，其他时候运行 return a;语句，这样就能保证任何时候都会有一个 return 语句被运行：

```
int f(int a)
{
    if(a < 0)
        return -a;
    else
        return a;
}
```

函数一旦遇到 return 语句就立即返回（退出当前函数），即使该语句后面还有其他语句没有被运行，这些语句在本次函数调用中也不会被运行。

例如，下面的例子中，如果参数值为负数，会运行 return -a;语句，然后就直接返回了，不会再运行后面的输出语句：

```
int f(int a)
```

```
    {
        if(a < 0)
            return -a;
        printf("%d",a);
        return a;
    }
```

（3）函数调用（有返回值的函数）。因为有返回值，所以在函数调用的时候可以对函数结果进行输出或者赋值等操作。例如，对于上面的函数 f，以下的函数调用都是正确的：

```
    x = f(3);
    printf("%d",f(3));
```

4.2 函数的嵌套调用和递归调用

4.1 节学习了函数的基本使用方法，特别是了解了函数的一般调用方法，除了上述常规调用方法外，函数还有更加复杂的调用方法。本节主要讲述函数的嵌套调用和递归调用。

4.2.1 函数的嵌套调用

A 函数调用 B 函数，B 函数又调用 C 函数的过程，称为函数的嵌套调用。程序代码如下：

```
    #include <stdio.h>
    void f01(void);              //函数声明
    void f02(void);
    void f03(void);
    int main(void)
    {
        f01();                   //在函数 main 中调用函数 f01
        return 0;
    }
    void f01(void)               //函数 f01 的定义
    {
        printf("before f02 is called\n");
        f02();                   // 在函数 f01 中调用函数 f02
        printf("after f02 is called\n");
    }
    void f02(void)               //函数 f02 的定义
    {
        printf("before f03 is called\n");
        f03();                   //在函数 f02 中调用函数 f03
        printf("after f03 is called\n");
    }
    void f03(void)               //函数 f03 的定义
```

```
    {
        printf("f03 is called\n");
    }
```

程序运行结果如下：

```
before f02 is called
before f03 is called
f03 is called
after f03 is called
after f02 is called
```

main 函数中调用函数 f01，函数 f01 中调用函数 f02，函数 f02 中调用函数 f03。函数调用过程如图 4-2 所示。

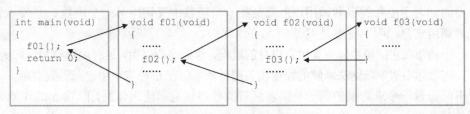

图 4-2　函数调用过程示意图

【例 4-2】请编写一个程序，输入两个正整数，输出其最大公约数（要求定义和调用函数 gcd 来求解最大公约数）。

【分析】最大公约数的求解方法。公约数是指不大于两个数；同时能整除这两个正整数。所以可以从较小的数开始尝试，是否同时整除这两个正整数。如果整除，它就是最大公约数；否则，该数减 1，继续以上尝试。

程序代码如下：

```
// 使用函数求两个正整数的最大公约数
#include <stdio.h>
int gcd(int a,int b);                      //函数声明
int main()
{
    int a,b,c;
    printf("Input 2 number:");
    scanf("%d%d",&a,&b);
    c = gcd(a,b);                          //调用自定义函数 gcd(m)
    printf("GCD is:%d \n",c);
    return 0;
}
int gcd(int a,int b)                       //定义函数
{
    int c;
    c = (a > b)?b:a;                       //三目运算符
    while((a%c != 0) || (b%c != 0))        //第一个公约数就是最大公约数
```

```
        {
            c--;
        }
        return c;
    }
```

程序运行结果如下：

```
Input 2 number:36 48
GCD is:12
```

4.2.2 函数的递归调用

前面学习了函数的嵌套调用，也就是在一个函数中又调用另一个函数。那么一个函数能否调用它自己呢？答案是 C 语言允许这样做。

一个函数在它的函数体内调用它自身的过程，称为递归调用，这种函数称为递归函数。其实数学中数学归纳法求解的很多相关题目都可以在 C 语言中用递归函数实现。

下面通过一个求阶乘的例子，探索递归函数到底是如何运作的。阶乘 n!的计算公式如下：

$$n! = \begin{cases} 1, & n = 0,1 \\ n*(n-1)!, & n > 1 \end{cases}$$

根据以上公式，使用分支语句实现该函数的代码如下：

```
#include <stdio.h>
//求 n 的阶乘
long jc(int n) {
    printf("call fun jc : %d\n",n);
    if(n == 0 || n == 1) {
        return 1;
    }
    else{
        return jc(n - 1) * n;       //递归调用函数 jc 求 n-1 的阶乘
    }
}
int main() {
    printf("%d\n",jc(5));           //递归调用求 5 的阶乘
    return 0;
}
```

程序运行结果如下：

```
call fun jc : 5
call fun jc : 4
call fun jc : 3
call fun jc : 2
call fun jc : 1
120
```

（1）求 5!，即调用 jc(5)。当进入 jc 函数体后，由于形参 n 的值为 5，不等于 0 或 1，所以运行 jc(n-1)* n，即运行 jc(4) * 5。为了求得这个表达式的结果，必须先调用 jc(4)，并暂停其他操作。换句话说，在得到 jc(4)的结果之前，不能进行其他操作。这就是第一

次递归调用。

（2）调用 jc(4)时，实参为 4，形参 n 也为 4，不等于 0 或 1，会继续运行 jc(n-1) * n，即运行 jc(3) * 4。为了求得这个表达式的结果，又必须先调用 jc(3)。这就是第二次递归调用。

（3）以此类推，进行 4 次递归调用后，实参的值为 1，会调用 jc(1)。此时能够直接得到常量 1，并把结果返回，不需要再次调用 jc 函数了，递归到此结束。

一个问题如果能够用数学归纳法求解，一般在 C 语言中可以方便地用递归函数实现。关键是如何把问题用数学归纳法表达出来。下面的汉诺塔问题就是一个用递归法求解的经典例子。

【例4-3】汉诺塔（tower of Hanoi）（图4-3），是一个源于印度古老传说的游戏。相传印度教的主神梵天创造世界的时候做了 3 根金刚石柱子，在一根柱子上摞着 64 片黄金圆盘（每个盘子大小不一，大盘在下，小盘在上）。梵天命令婆罗门（祭司）把圆盘摆放在另一根柱子上，并且规定，在小圆盘上不能放大圆盘，在 3 根柱子之间一次只能移动一个圆盘。据说，婆罗门和他的后人从此就开始一刻不停地挪圆盘，以愚公移山的精神，为最终完成目标贡献自己的力量。

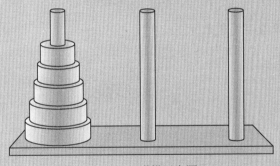

图4-3　汉诺塔示意图

【分析】

完成目标：将 n 个盘子从 A 搬运到 B，可以借助 C，输出移动步骤。

约束条件：搬运的过程中每次只能移动一个盘子，且不能出现大盘在小盘之上的情况。

本题不容易直接通过循环来实现，从问题入手进行分析。

（1）64 个盘子的汉诺塔问题不知道该怎么移动，如果只有一个盘子呢？答案是可直接移动，问题直接得到解决。

（2）如果柱子上有 2 个盘子呢？可以分 3 步实现。

• （最上面的）1 个盘子从 A 移到 C，如图4-4所示。

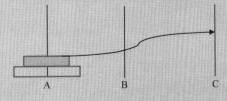

图4-4　最上面的盘子从 A 移到 C

- （剩下的）1 个盘子从 A 移到 B，如图 4-5 所示。

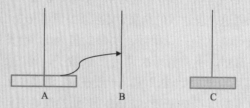

图 4-5　1 个盘子从 A 移到 B

- 1 个盘子从 C 移到 B，如图 4-6 所示。

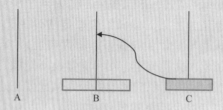

图 4-6　1 个盘子从 C 移到 B

（3）如果有 3 个盘呢？也是分 3 步实现。
- （最上面的）2 个盘子从 A 移到 C（2 个盘子的汉诺塔问题，在上步已经求解），如图 4-7 所示。

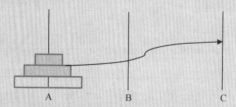

图 4-7　2 个盘子从 A 移到 C

- （剩下的）1 个盘子从 A 移到 B，如图 4-8 所示。

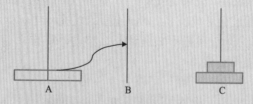

图 4-8　1 个盘子从 A 移到 B

- 2 个盘子从 C 移到 B（借助 A，2 个盘子的汉诺塔问题前面已讨论，此处不再赘述），如图 4-9 所示。

　……

（4）n 个盘子的汉诺塔问题（转换为 n-1 个盘子的汉诺塔问题），也是分 3 步实现。
- n-1 个盘子从 A 移到 C（n-1 个盘子的汉诺塔问题，在上步已经求解）。

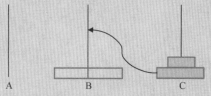

图 4-9　2 个盘子从 C 移到 B

- （剩下的）1 个盘子从 A 移到 B。
- n–1 个盘子从 C 移到 B（借助 A，n–1 个盘子的汉诺塔问题上步已求解）。

这是一个典型的可以用递归来求解的问题。

递归函数的参数：盘子的个数，盘子开始所在的柱子，结束时所在的柱子，可以中转使用的柱子。

程序代码如下：

```c
//汉诺塔问题
#include <stdio.h>
void hanio(int n, char a, char b, char c);        //hanio 函数声明
void move(char x, char y);                //move 函数声明
int main(void)
{
    int n;
    printf("input the number of disk: " );
    scanf("%d", &n);
    printf("the steps:\n");
    hanio(n, 'a', 'b', 'c');                //调用 hanio 函数
    return 0;
}
//函数定义搬动 n 个盘子，从 a 到 b，c 为中间过渡
void hanio(int n, char a, char b, char c)
{
    if(n == 1)
        move(a, b);                //调用 move 函数，移动一个盘子
    else{
        hanio(n-1, a, c, b);                //hanio 函数递归调用 hanio 函数
        move(a, b);                //调用 move 函数，移动一个盘子
        hanio(n-1, c, b, a);                //hanio 函数递归调用 hanio 函数
    }
}
//函数定义移动 1 个盘子，从 x 到 y
void move(char x, char y)
{
    printf("%c-->%c\n", x, y);
}
```

程序运行结果如下：

```
input the number of disk: 3
the steps:
a-->b
```

```
        a-->c
        b-->c
        a-->b
        c-->a
        c-->b
        a-->b
```

程序解释：函数 hanio 中，有 4 个参数 n,a,b,c，这些参数决定了本任务是要将 n 个盘子从 a 柱移动到 b 柱，可以借助 c 柱作临时中转。根据前面的分析，汉诺塔问题比较适合用递归方法来求解。递归关系为，n 个盘子规模的 hanoi 问题（a 柱移动到 b 柱）可以转换为两个 n-1 规模的 hanoi 问题来求解。

① 把上面小的 n-1 个盘子从 a 柱移动到 c 柱（借助 b 柱），这是一个 n-1 阶的汉诺塔问题，即 hanio(n-1, a, c, b);。

② 把 a 柱底部的那个盘子移动到 b 柱：printf("%c-->%c\n", a, b);。

③ 把第一步的 n-1 个盘子移动到 b 柱（当前 n-1 个盘子在 c 柱上，借助 a 柱），这也是一个 n-1 阶的汉诺塔问题，即 hanio(n-1, c, b, a);。

4.3 变量的类型

变量的类型有两大属性，变量的数据类型和存储类型，前文已学习了数据类型，本节学习变量的存储类型。

4.3.1 变量的存储类型

变量的存储类型是指变量的存储方式，从变量值存在的时间（即生存期）角度分为两大类：静态存储变量和动态存储变量。具体包括 4 种：自动（auto）变量、静态（static）变量、寄存器（register）变量和外部（extern）变量，定义变量时可以在变量类型前面加上以上 4 个关键字来指定变量的存储类型。

最常用的是 auto 变量，常用于代码块中，其关键字 auto 可以省略，但其他类型的关键字不能省略。例如：

```c
#include <stdio.h>
int main(void)
{
    auto int a;                 //自动变量
    char b;                     //自动变量
    static int c = 0;           //静态变量
    register int d;             //寄存器变量
    extern int e;               //外部变量
    return 0;
}
```

4.3.2　局部变量和全局变量

1. 局部变量

定义在函数内部的变量称为局部变量，它的作用域仅限于函数内部，离开该函数后就会失效，再使用就会报错。例如：

```c
#include <stdio.h>
int f(int a){
    int b;                //a,b 仅在函数 f 内有效
    return a + b + m;     //错误，m 为 main 函数的局部变量，在 f 函数内不可访问
}
int main(void){
    int m;                //m 仅在函数 main 内有效
    a = 3;                //错误，a 为 f 函数的局部变量，在 main 函数内不可访问
    return 0;
}
```

说明：

① main 函数也是一个函数，main 函数中的局部变量也不能在其他函数内直接访问。

② 函数体内定义的形参变量是局部变量。

③ 在语句块（由大括号包围）中也可定义变量，它的作用域只限于当前语句块。

例如：

```c
#include <stdio.h>
int main(void){
    int a = 1;
    {
        int a = 2;
        printf("%d ",a);         //输出 01
    }
    printf("%d\n",a);            //输出 02
    return 0;
}
```

程序运行结果如下：

```
2 1
```

输出 01 处输出的变量 a 是什么？从上面几行代码看，第 3 行大括号前定义了一个 a，并赋值 1，第 5 行大括号后又定义了一个 a 并赋值 2。C 语言允许在代码块中定义变量，且这个变量可以与代码块外的变量同名，它们实际上是两个不同的变量（只不过同名而已），在代码块内（大括号范围内）访问的变量 a 是第 5 行的变量，所以此处输出 2；后面的输出因为在代码块外，访问的是第 3 行的变量 a，所以输出 1。

2. 全局变量

在所有函数外部定义的变量称为全局变量，它的作用域是从变量定义开始到整个文件结尾。

全局变量可以在多个函数之间共享数据。例如，C 语言的函数通过 return 只能返回

一个值，如果函数调用要同时返回多个值该如何实现？其中一个方法就是通过全局变量来实现。例如：

```
#include <stdio.h>
int he,cha;                        //定义全局变量 he,cha
void jisuan(int a,int b);
int main(void)
{
    jisuan(1,2);
    printf("%d %d\n",he,cha);      //输出全局变量 he,cha
    return 0;
}
void jisuan(int a,int b)
{
    he = a + b;                    //给全局变量赋值
    cha = a - b;
}
```

在程序中，he 和 cha 两个变量定义在函数外，根据全局变量的定义可知它们是全局变量，在当前整个程序的所有函数中都可以访问它。因此在 jisuan 函数中，可以对它们赋值，并且可以在 main 函数中对其输出。

4.3.3 静态变量

现在有如下需求：在游戏开发中，经常需要对游戏得分进行操作，现在假设要求得分变量 score 只能在函数 addScore 中被访问，并且 addScore 可能会被多次调用，每次调用后得分值都会加 1，应该如何实现？

用全局变量？不好，因为题目要求 score 不得在其他函数中被访问，以保证数据安全。下面给出一种游戏开发中常用的方法：score 可以作为 addScore 中的一个静态变量：

```
#include <stdio.h>
void addScore(void);
int main(void)
{
    int i;
    for(i = 0; i < 4; i++)
        addScore();
    return 0;
}
void addScore(void)
{
    static int score = 0;                    //给静态变量赋值
    score++;
    printf("score:%d\n",score);
}
```

程序运行结果如下：

```
score:1
score:2
score:3
```

```
score:4
```

由 static 加以定义的变量称为静态变量。

函数中定义的普通局部变量在函数调用结束之后会被释放，如果希望在函数调用后仍然保留该变量，即它所占用的存储单元不释放，在下一次调用该函数时，其局部变量的值仍然存在，可以将该局部变量用关键字 static 声明为"静态局部变量"。

静态局部变量的说明如下。

（1）static 关键字不能省略。

（2）静态变量如果有初始化，该初始化只在函数第一次被调用时运行，第二次调用该函数时不会再次运行初始化（因为该变量没有被释放，也就不会再次分配空间和初始化）。

（3）如果没有初始化，会自动初始化为 0。

（4）静态局部变量一般的使用场景如下所示。

- 需要保留函数上一次调用结束时的值。
- 初始化只希望运行一次。

【思考】如果这个例子中把 static 去掉，程序运行结果是什么？请分析原因。

4.3.4　外部变量

在 C 语言中，关键字 extern 用在变量声明前，用于说明此变量是在别处定义的，要在此处引用。这样的变量称作外部变量。

下面的示例代码由两个文件构成，文件 main.c 需要引用 test.c 中的变量 int a，只需在 main.c 中声明 extern int a，就可以引用外部变量 a 了：

```c
// main.c
#include <stdio.h>
int main(void)
{
    extern int a;
    printf("%d\n",a);
    return 0;
}
// test.c
int a = 10;
```

4.4　内部函数和外部函数

函数默认情况下是全局的，因为定义函数的目的就是被其他函数调用。若不做特殊声明，一个文件中的函数既可以被本文件中的其他函数调用，也可以被其他文件中的函数调用。

根据函数能否被其他源文件调用，函数又分为内部函数和外部函数。

4.4.1　内部函数

不能被其他源文件调用的函数称为内部函数。定义内部函数的函数首部形式如下：

```
static 类型名 函数名（形参表）
```
内部函数又称静态函数（关键字为 static），只能在本文件内调用，不能在其他文件中调用。

例如：下面这个项目中有两个源文件 main.c 和 file02.c：

```
// main.c
#include <stdio.h>
static void say()
{
    printf("%s\n","main");
}
void main()
{
    say();
}
// file02.c
#include <stdio.h>
void say()
{
    printf("%s\n","file02");
}
```

两个文件中有同名函数 say，由于 main.c 中的 say 函数有 static 修饰，因此它是局部函数，程序没有问题；如果把 static 关键字去掉，程序会出错，因为这样做，两个文件中的 say 函数就都是外部函数，系统会认为这两个函数是重复定义。

4.4.2 外部函数

能被其他源文件调用的函数称为外部函数。定义外部函数的函数首部形式如下：

```
extern 类型名 函数名（形参表）
```
定义外部函数时可以省略 extern 关键字。在需要调用外部函数的文件中需要对该函数进行声明，并且声明时加上关键字 extern，表示该函数是在其他文件中定义的外部函数。

例如：下面这个项目中有两个源文件 main.c 和 file02.c：

```
// main.c
#include <stdio.h>
extern int f(int x);
void main()
{
    printf("%d\n",f(2));
}
// file02.c
int f(int x)
{
    return x*x;
}
```

main.c 中函数 f 的声明中使用了 extern 关键字，说明函数 f 的定义不在本文件而在其他文件中。

4.4.3　头文件和编译预处理

C 语言程序首部通常有一些以 "#" 开头的内容，它们通常具有特定的作用，称为编译预处理。编译预处理的作用很多，常见的有如下几种。

1. 头文件

头文件的一般形式如下：

```
#include <文件名> //或 #include "stdio.h"
```

其中，使用尖括号形式，编译器只会到系统路径下查找头文件；使用英文双引号形式会先在当前目录下查找头文件，如果没有找到，再到系统路径下查找。它比使用尖括号形式多了一个查找路径，功能更为强大。

2. 宏定义

（1）不带参数的宏定义。其一般形式如下：

```
#define 宏名 宏体
```

例如：

```
#include <stdio.h>
#define N 10 + 10
int main(){
    int s = N * 3;
    printf("%d\n", s);
    return 0;
}
```

说明：宏定义只是纯粹的字符串替换，它不会提前做任何计算，所以上面的程序编译时只是把源程序中的 N 替换为 10+10，而不是 20，s 的值为 10+10*3，结果为 40，而不是 20*3。

（2）带参数的宏定义。其一般形式如下：

```
#define 宏名（参数表） 宏体
```

例如：

```
#include <stdio.h>
#define SUM(a,b) a + b
int main(){
    int s = SUM(1,2) * 3;
    printf("%d\n", s);
    return 0;
}
```

说明：

（1）带参数的宏定义也只是纯粹的字符串替换，它不会提前做任何计算。

（2）宏名与小括号之间不要有空格。

（3）带参数的宏定义与带参数的函数很像，但是宏只是用实参替换宏定义中的形参。

上面的例子中，宏定义中的形参 a 和 b，对应的实参为 1 和 2，编译器直接把 SUM(1,2) 根据宏定义替换为 1+2，所以 s 的值为 1+2*3 为 7。

本例中如果希望用宏定义正确实现求和功能，可以在宏定义中使用括号，即

```
#define SUM(a,b) (a + b)
```

4.5 应 用 案 例

【案例】编写一个贪吃蛇游戏，游戏地图外层要绘制一堵围墙，如图 4-10 所示，请编写 C 语言程序实现围墙的绘制（砖块用#表示）。

图 4-10　游戏地图绘制

【分析】定义一个 map 函数，实现地图绘制；同时由于绘制地图时有多处存在绘制连续多个相同的符号，因此考虑定义一个函数实现该功能，然后在 map 函数中调用，最后在 main 函数中调用 map 函数。

1. 主函数

程序代码如下：

```
int main(void)
{
    map();
    return 0;
}
```

2. map 函数

程序代码如下：

```
int map(void)
{
    int i;
    TextOut('#',40);
    printf("\n");
    for(i = 0; i < 10; i++)
    {
        TextOut('#',2);
        TextOut(' ',36);
        TextOut('#',2);
        printf("\n");
    }
```

```
    TextOut('#',40);
    printf("\n");
}
```

3. TextOut 函数

程序代码如下：

```
void TextOut(char text,int number){
    int i;
    for(i = 0; i < number; i++)
      printf("%c",text);
}
```

本 章 小 结

本章主要讲述了函数的基本使用方法，详细阐述了函数使用的三要素定义、声明和调用，还讨论了形参与实参在函数调用中的关系，并且带领读者学习了函数的嵌套调用和递归调用、变量储存类型、内部函数与外部函数、编译预处理及模块化程序设计等相关内容。

本 章 习 题

一、单选题

1. 下列程序的运行结果是（　　　）。

```
#include <stdio.h>
long f(int n)
{
    if(n > 3)
        return (f(n - 1) + f(n - 2));
    else return(3);
}
void main()
{
    printf("%d\n",f(4));
}
```

A. 6   B. 5   C. 7   D. 8

2. 下列程序的运行结果是（　　　）。

```
#include <stdio.h>
try()
{
    static int x = 3;
    x++;
    return (x);
}
```

```
main()
{
  int i,x;
  for(i = 0;i <= 2;i++)
   x = try();
  printf("%d\n",x);
}
```

   A. 3   B. 4   C. 5   D. 6

3. 在 C 语言中，形参的隐含存储类型是（   ）。

   A. 自动（auto）   B. 静态（static）

   C. 外部（extern）   D. 寄存器（register）

4. 下列程序的运行结果是（   ）。

```
#include <stdio.h>
func(int a,int b)
{
  int c;
  c = a + b;
  return c;
}
void main()
{
  int x = 6,y = 7,r;
  r = func(x, x + y);
  printf("%d\n",r);
}
```

   A. 18   B. 19   C. 20   D. 21

5. 下列程序的运行结果是（   ）。

```
#include <stdio.h>
int func(int a,int b)
{
return(a + b);
}
void main()
{
int x = 6,y = 7,z = 8,r;
  r = func(func(x,y),z--);
  printf("%d\n",r);
}
```

   A. 20   B. 31   C. 15   D. 21

二、编程题

1. 编写一个函数，判断参数传递过来的字符是否为英文字母。
函数接口：

```
int IsLetter(char x);
```

参数 x 是一个字符类型的变量。当 x 的值是字母时，函数返回 1，否则返回 0。

2. 实现一个函数，对给定的正整数 n，打印从 1 到 n 的全部正整数，每个数一行；并在主函数中输入一个正整数 n，然后调用该函数。

输入样例：3。

输出样例：

1

2

3

提示：函数接口定义为 void output (int n);。

3. 实现一个函数，对给定的正整数 n，返回 n 的阶层；同时请在主函数中输入一个 n，然后调用该函数，输出 n 的阶层。

输入样例：5。

输出样例：120。

提示：函数接口定义为 int output (int n);。

4. 自然数各位数字求和。

请编写函数，求自然数各位数字之和。

函数接口：

```
int SumDigit(int n);
```

说明：参数 n 为非负整数。函数值为 n 的各位数字之和。若 n 为零，则函数值为零。

程序代码如下：

```
#include <stdio.h>
int SumDigit(int n);
int main()
{
    int n;
    scanf("%d", &n);
    printf("%d\n", SumDigit(n));
    return 0;
}
```

输入样例：

```
35184
```

输出样例：

```
21
```

要求不使用递归。

5. 使用递归函数求解编程题 4。

6. 将十进制转为二进制：正整数通常采用"除 2 取余，逆序排列"法。编写函数，实现将一个十进制正整数转化成一个二进制数加以输出。

函数接口：

```
void turn10to2(int n)
```

其中，n 是用户传入的参数。n 是一个十进制正整数。函数中要输出 n 转化成的二进制数。

7. 编写一个函数，打印 n 阶乘法口诀表，并在主函数中调用该函数对其进行测试。

8. 编写一个函数，参数为 3 个整数 a,b,c(c 为 0～9 的整数)，统计 a,b 之间（包含 a 和 b）的所有整数中数字 c 出现的总次数。

函数接口：

```
Int count(int a,int b,int c)
```

输入样例：

```
10 23 2
```

输出样例：

```
6
```

说明：10 和 23 之间包含 2 的整数有 12、20、21、22、23，一共出现了 6 次。

第5章 数 组

前面章节介绍了 C 语言数据的基本类型，常用的有 char、int、float 和 double。用这些类型声明的变量是孤立的，很难体现数据之间内在的联系。例如，对全年级 1000 名学生的期末成绩进行排序，要声明 1000 个 double 类型的变量，这无疑是一项极其烦琐的工作，而且这 1000 个变量是孤立的，不利于算法实现。使用数组（array）可以很好地解决此类问题。

数组是相同类型元素（element）的集合。数组中的元素，从第一个到最后一个，依次存储在连续的内存中。数组类型（array type）是由元素类型（element type）和数组中元素的个数决定的。数组分为一维数组（one-dimensional array）和多维数组（multi dimensional array）。

5.1 一 维 数 组

5.1.1 一维数组的定义和存储

1. 一维数组的定义

一维数组声明的简单形式如下：

  类型说明符 数组名[整数类型表达式];

其中，"类型说明符"是数组元素的类型，"数组名"是一个标识符，"["和"]"内的"整数类型表达式"表示数组元素的个数，即数组的长度。如果整数类型表达式是常量表达式，其值必须大于 0。例如：

```
char  s[10];                //数组元素类型为 char，长度为 10 的一维数组 s
double  score[35*30];       //每班 35 人共 30 个班的学生成绩
int  a[5],  b[10],  x,  y;  //数组元素类型和变量类型相同，可一起声明
int  n = 10;
double  t[n];               //可变长数组（C99 标准）
```

数组名是数组首地址，是不可修改的左值。数组名作为运算符 sizeof 的运算对象，运算结果是全部数组元素占内存大小的总和（按字节计算）。

【例 5-1】数组名作为运算符 sizeof 的运算对象。

【分析】数组名和变量名的含义不一样，变量名是该变量在内存空间的名称，数组名是该数组在内存中的首地址。数组在定义的时候，数组三要素：数组名、数组长

度、数组类型，分别代表数组首地址、元素总个数、元素类型。因此，sizeof 运算可以得到数组在内存中占据的空间大小。本例说明数组占据内存空间远远大于变量。

程序代码如下：

```
#include <stdio.h>
int main(void)
{
    char s1[10];              //定义 char 型数组 s1
    double s2[10];            //定义 double 型数组 s2
    printf("sizeof s1 = %d\n", sizeof s1);
    printf("sizeof s2 = %d\n", sizeof s2);
    return 0;
}
```

程序运行结果如下：

```
sizeof s1 = 10
sizeof s2 = 80
```

2. 一维数组的存储

定义一维数组的时候，在内存中为其开辟空间（图 5-1），数组名就是该数组空间的首地址，不能在运行时改变。

int a[10]

内存地址	数组元素
2000	a[0]
2004	a[1]
2008	a[2]
2012	a[3]
2016	a[4]
2020	a[5]
2024	a[6]
2028	a[7]
2032	a[8]
2036	a[9]

图 5-1　一维数组的内存存储示意图

【例 5-2】使用数组名，输出数组各个元素的地址。

【分析】每个数组元素都与变量一样，在内存中占据空间，也都有各自的地址，由于数组中元素是依次存放的，因此可以使用循环依次输出每个元素的存放空间地址。

程序代码如下：

```
#include <stdio.h>
int main(void)
{
    int a[10], i = 0;
```

```
        for(i = 0; i < 10; i++)
            printf("第%d 个元素的地址=%d\n", i, a+i);//输出第 i 个元素的内存地址
        return  0;
    }
```

程序运行结果如下：
```
    第 0 个元素的地址=1638176
    第 1 个元素的地址=1638180
    第 2 个元素的地址=1638184
    第 3 个元素的地址=1638188
    第 4 个元素的地址=1638192
    第 5 个元素的地址=1638196
    第 6 个元素的地址=1638200
    第 7 个元素的地址=1638204
    第 8 个元素的地址=1638208
    第 9 个元素的地址=1638212
```

5.1.2　一维数组元素的引用和赋值

1. 一维数组元素的引用

一维数组元素引用的一般形式如下：
```
    数组名[整数类型表达式];          //这里的[]是下标运算符(subscript operator)
```
整数类型表达式也称为下标（subscript），下标的取值是 0～（数组长度-1）。例如，数组声明为 "int a[5];"，则共有 5 个数组元素，依次是 a[0]、a[1]、a[2]、a[3]和 a[4]。

一维数组名的值是第 0 个数组元素的地址。

数组不能整体输入、输出和赋值，只能对数组元素进行输入、输出和赋值。

【例 5-3】数组复制：将数组 a 中的信息复制到数组 b 中。
【分析】数组复制是指将数组 a 中每个元素依次复制到另一个数组中，类似数据块复制工作。

程序代码如下：
```
    #include <stdio.h>
    int  main(void)
    {
        int  i, a[5], b[5];
        printf("Input  5  integers:");
        for(i = 0;i < 5;i++)
            scanf("%d", &a[i]);    //输入数组 a 中的第 i 个元素
        for(i = 0;i < 5;i++)
            b[i] = a[i];            //依次将数组 a 中的第 i 个元素复制到数组 b 中
        for(i = 0;i < 5;i++)
            printf("%5d", b[i]); //输出数组 b 中的第 i 个元素
        printf("\n");
        return  0;
    }
```

程序运行结果如下：

```
Input 5 integers: 10 20 30 40 50✓
10 20 30 40 50
```

【例 5-4】输入 10 名学生的成绩，计算并输出高于平均成绩的学生人数。

【分析】前面不使用数组，只用变量和循环的方式求多个数据的平均值，但是循环完成后，只有最后一个数据能保留下来，对后面的计算不利。这里使用数组来求解，更加方便、灵活、高效，因为存放在数组中的数据可以多次使用。

程序代码如下：

```
#include <stdio.h>
int main(void)
{
    int i, count = 0;
    double score[10], ave = 0, sum = 0;
    printf("Input 10 numbers:");
    for(i = 0; i < 10; i++)
    {
        scanf("%lf", &score[i]);
        sum += score[i];
    }
    ave = sum/10;           //计算出平均成绩 ave
    for(i = 0; i < 10;i++)
        if(score[i] > ave)//依次将数组 score 中的第 i 个元素与平均成绩 ave 比较
            count++;
    printf("平均成绩=%.1f\n 高于平均成绩的有%d 人", ave, count);
    return 0;
}
```

程序运行结果如下：

```
Input 10 numbers: 82.5 90 78.5 75 88 92.5 95 65.5 70 81✓
平均成绩=81.8
高于平均成绩的有 5 人
```

第 1 个 for 循环中，输入 10 名学生的成绩并求和，退出循环后求出平均分，在第 2 个 for 语句中用 count 记录高于平均分的人数。

2. 一维数组元素的赋值

在数组声明时为数组赋值，称为初始化。一维数组的初始化形式如下：

类型说明符　数组名[整数类型表达式] = {表达式 1，表达式 2，…，表达式 n}；

（1）赋值号"="的后面用大括号括起来，被括起来的表达式列表称为初值列表，表达式之间用","分隔，表达式 1 是第 1 个数组元素的值，表达式 2 是第 2 个数组元素的值，以此类推。

例如：

```
int a[5] = { 1, 2, 3, 4, 5};//等价于 a[0]=1、a[1]=2、a[2]=3、a[3]=4、a[4]=5
```

（2）表达式的个数不能超过数组变量的长度。

例如：

```
int a[4] = {1, 2, 3, 4, 5};  //超出了数组的长度
```

（3）如果表达式的个数少于数组的长度，则未指定值的数组元素被赋值为0。

例如：

```
int  a[5]  = {1, 2, 3};   //等价于a[0]=1、a[1]=2、a[2]=3、a[3]=0、a[4]=0
//c[0]~c[1]的值依次为1.0f、3.0f，c[2]和c[3]的值是0.0f
float c[4] = {1.0f, 3.0f};
//d[0]~d[1]的值依次为1.0、3.0，d[2]和d[3]的值是0.0
double d[4] = {1.0, 3.0};
```

（4）当对全部数组元素赋初值时，可以省略数组变量的长度，此时数组变量的实际长度就是初值列表中表达式的个数。

例如：

```
int  a[]={1,2,3};  //数组a的实际长度是3，等价于a[0]=1、a[1]=2、a[2]=3
```

注意：C语言除了在定义数组变量时用初值列表对数组整体赋值以外，无法再对数组变量进行整体赋值。

例如：

```
int a[5];
a[4] = 9;                //正确
a = {1, 2, 3, 4, 5};     //错误！数组名a是不可修改的左值
a[ ] = {1, 2, 3, 4, 5};  //错误！
a[4] = {1, 2, 3, 4, 5};  //错误！
```

数组定义后，如何对数组进行赋值呢？可以通过C语句对数组中的数组元素逐一赋值，或者像例5-3那样使用循环语句进行赋值。

例如：

```
int a[4], i = 0 ;
a[0] = 1; a[1] = 2; a[2] = 3; a[3] = 4;
for (i = 0; i < 10; i++)
    a[i]= 2* i + 1;          //将数组a的各元素赋值为奇数序列
```

或者

```
double  t[8];
t[0] = 198.65;
```

【例5-5】插入一个元素：已知数组声明为"int a[6]={10, 20, 30, 40, 50};"，前5个数组元素是按升序排列的，输入一个整数并插入数组a中，要求6个数组元素仍按升序排列，输出新数组。

【分析】在数组中插入数据，就需要数组中有空位置，否则数据无法插入。因此，先要找到插入元素应该存放的位置（下标），这需要数组元素依次后移，再把新数据放在空位置。

程序代码如下：

```
#include <stdio.h>
int  main()
{
```

```
int i, n, cur, a[6] = {10, 20, 30, 40, 50};
printf("Input an integer:");
scanf("%d", &n);
for(i = 0; i < 6-1; i++)//从a[0]到a[4]查找第一个大于n的数组元素的下标cur
    if(a[i] > n)
        break;
cur = i;
for(i = 6-2; i >= cur ;i--) //将a[4]～a[cur]依次后移
a[i+1] = a[i];
a[cur] = n;                        //插入n到a[cur]
for(i = 0 ;i < 6 ;i++)
    printf("%5d", a[i]);
printf("\n");
return 0;
}
```

程序运行结果如下：

```
Input an integer: 35✓
10 20 30 35 40 50
```

5.1.3　一维数组使用示例

【例 5-6】全班有 10 名学生，输入学生成绩，求全班成绩的最高分及其下标，以及全班成绩的平均分，平均分保留 1 位小数。

【分析】先输入第 1 名学生的成绩，把它作为最大值 max 的初始值，并加入和 sum 中，接着循环输入剩下的 9 名学生的成绩，与 max 做比较，找出真正的最高分，并记住最高分的下标，退出循环后，就可以求出平均分和最高分了。

程序代码如下：

```
#include <stdio.h>
int main(void)
{
    int i, max_i;                      //max_i是最大值的下标
    double score[10], sum = 0, average = 0, max;
    scanf("%lf", &score[0]);
    sum = score[0];
    max = score[0];                    //score[0]是最大值的初始值
    max_i = 0;
    printf("Input 9 numbers:");
    for(i = 1;i < 10;i++)
    {
        scanf("%lf", &score[i]);
        sum += score[i];
        if(max < score[i])   max_i = i ; //max_i记住最大值的下标
```

```
        }
        average = sum/10;
        printf("平均分=%.1lf\n", average);
        printf("最高分=%.1lf, 最高分是第%d 名学生\n ",score[max_i], max_i);
        return 0;
    }
```

程序运行结果如下:

```
88.5✓
Input 9 numbers: 84 95.6 78 68.5 84 97.5 74.5 82 91.5✓
平均分=84.4
最高分=97.5,   最高分是第 6 名学生
```

【例 5-7】输入一行字符,统计其中各个大写字母出现的次数。

【分析】一行字符以'\n'结尾,大写字母一共有 26 个,定义一个 int 型数组,有 26 个元素,分别记录各个字母出现的次数。

程序代码如下:

```
#include <stdio.h>
#include <memory.h>
int main()
{
    char ch;
    int num[26], i;
    memset (num, 0, 26*sizeof(int));      //初始化数组 num
    while((ch = getchar()) != '\n')       //输入字符串,判断统计
        if(ch >= 'A' && ch <= 'Z')        //是否为大写字母
            num[ch-'A']++;
    for(i = 0; i < 26; i++)               //输出结果
    {
        if(i % 9 == 0)
            printf ("\n");
        printf("%c(%d) ", 'A'+i, num[i]);
    }
    printf("\n");
    return 0;
}
```

程序运行结果如下:

```
AABBCCxyYzEEE✓
A(2)    B(2)    C(2)    D(0)    E(3)    F(0)    G(0)    H(0)    I(0)
J(0)    K(0)    L(0)    M(0)    N(0)    O(0)    P(0)    Q(0)    R(0)
S(0)    T(0)    U(0)    V(0)    W(0)    X(0)    Y(1)    Z(0)
```

【例 5-8】冒泡排序:输入 10 个数,采用冒泡排序法对这 10 个数按升序排序,输出排序结果。

【分析】设数组声明为“int a[4];”,且 4 个数组元素的值依次是 5、7、3、1。采用冒泡排序法对 4 个数组元素按升序排序的过程如图 5-2 所示。

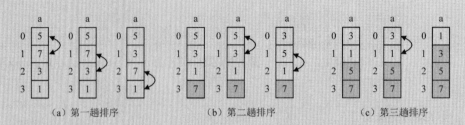

图 5-2 冒泡排序过程（升序排序）

共需 3 趟排序。

（1）第一趟排序。相邻数组元素 a[0]和 a[1]、a[1]和 a[2]、a[2]和 a[3]依次进行比较，如果 a[j]>a[j+1]，则交换 a[j]和 a[j+1]。第一趟排序结束后，最大的数到达排序最终的位置，不再参与以后的排序。

（2）第二趟排序。相邻数组元素 a[0]和 a[1]、a[1]和 a[2]依次进行比较，如果 a[j]>a[j+1]，则交换 a[j]和 a[j+1]。第二趟排序结束后，第二大的数到达排序最终的位置，不再参与以后的排序。

（3）第三趟排序。相邻数组元素 a[0]和 a[1]进行比较，如果 a[j]>a[j+1]，则交换 a[j]和 a[j+1]。第三趟排序结束后，第三大的数到达排序最终的位置。一共有 4 个数，3 个数都已到达排序最终的位置，排序完成。

排序过程中，最小的元素经过交换会慢慢"浮"到数组的顶端，故称为冒泡排序。

采用冒泡排序法对 n 个数按升序排序，共需 n-1 趟。第 i 趟排序的过程：相邻数组元素 a[0]和 a[1]、a[1]和 a[2]、…、a[n-1-i]和 a[n-i]依次进行比较，如果 a[j]>a[j+1]，则交换 a[j]和 a[j+1]。

程序代码如下：

```c
#include <stdio.h>
int main()
{
    int i, j;
    double a[10], tmp;
    printf("Input 10 numbers:");
    for(i = 0;i < 10;i++)
        scanf("%lf", &a[i]);
    for(i = 1;i < 10;i++)
        for(j = 0;j < 10-i;j++)
            if(a[j] > a[j+1])
            {
                tmp = a[j];
                a[j] = a[j+1];
                a[j+1] = tmp;
            }
    for(i = 0;i < 10;i++)
    printf("%6.1f", a[i]);
    printf("\n");
```

```
        return 0;
    }
```
程序运行结果如下：
```
    Input 10 numbers:82.5  90  78.5  75  88  92.5  95  65.5  70  81↙
    65.5  70.0  75.0  78.5  81.0  82.5  88.0  90.0  92.5  95.0
```

在冒泡排序的某趟排序过程中，如果没有交换数据，表明数据已经有序，可提前终止排序，如图 5-3 所示。

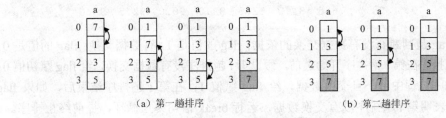

（a）第一趟排序　　　　　　　　　　（b）第二趟排序

图 5-3　改进的冒泡排序

假设数组内 4 个元素的初始值依次是 7、1、3、5。在第二趟排序过程中，相邻数组元素 a[0]和 a[1]、a[1]和 a[2]依次进行比较，由于 a[j]均小于 a[j+1]，不需要交换数据，表明数据已经有序，不再需要进行第三趟排序，可提前终止排序。这种可提前终止的冒泡排序称为改进的冒泡排序。采用改进的冒泡排序法对 n 个数按升序排序，最多需要 n-1 趟排序。

【例 5-9】输入 10 个数，采用改进的冒泡排序法对这 10 个数按升序排序并输出。
程序代码如下：
```c
#include <stdio.h>
int main(void)
{
    int i, j, flag;
    double a[10], tmp;
    printf("Input 10 numbers:");
    for(i = 0;i < 10;i++)
        scanf("%lf", &a[i]);
    for(i = 1;i < 10;i++)
    {
        flag = 0;            //假设第 i 趟排序没有数据交换，给 flag 赋初值 0
        for(j = 0;j < 10-i;j++)
            if(a[j] > a[j+1])
            {
                tmp = a[j];
                a[j] = a[j+1];
                a[j+1] = tmp;
                flag = 1;    //交换数据，给 flag 赋值 1
            }
        if(0 == flag)   //如果 flag 的值是 0，表明第 i 趟排序没有交换数据
```

```
                    break;
        }
        for(i = 0;i < 10;i++)
            printf("%6.1f", a[i]);
        printf("\n");
        return  0;
    }
```
程序运行结果如下：
```
    Input 10 numbers:82.5  90  78.5  75  88  92.5  95  65.5  70  81↙
    65.5  70.0  75.0  78.5  81.0  82.5  88.0  90.0  92.5  95.0
```

变量 flag 是判断有没有数据交换的依据：flag 的值是 1，有数据交换；flag 的值是 0，没有数据交换。在第 i 趟排序开始之前，假设第 i 趟排序没有数据交换，给 flag 赋初值 0；在第 i 趟排序过程中，一旦交换数据，给 flag 赋值 1；在第 i 趟排序结束后，如果 flag 的值是 0，表明第 i 趟排序没有交换数据，运行 break 语句终止循环，提前终止排序。

5.2　二维数组

5.2.1　二维数组的定义和存储

1. 二维数组的定义

多维数组中常用的是二维数组（two-dimensional array）。二维数组声明的一般形式如下：

        类型说明符　数组名[行数][列数];

其中，"类型说明符"是数组元素的类型；"数组名"是一个标识符；"行数"和"列数"是整数类型表达式，数组元素的个数是行数与列数的乘积。如果表示行数或列数的表达式是整数常量表达式，其值必须大于 0。例如：

```
    int  s[3][4];      //数组元素类型为int，3行4列共12个数组元素的二维数组s
    int  m = 5, n = 10;
    double  t[m][n]; //可变长数组（C99标准）
```

数组名是数组的首地址，是不可修改的左值。数组名作为运算符 sizeof 的运算对象，运算结果是全部数组元素占用内存大小的总和（按字节计算）。

【例 5-10】数组名作为运算符 sizeof 的运算对象。

【分析】sizeof 运算符得到数组在内存中存储空间的字节数。

程序代码如下：

```
    #include <stdio.h>
    int  main(void)
    {
        char  s1[8][10];
        double  s2[8][10];
```

```
        printf("sizeof s1=%d\n", sizeof s1);
        printf("sizeof s2=%d\n", sizeof s2);
        return 0;
    }
```
程序运行结果如下：
```
    sizeof  s1=80
    sizeof  s2=640
```

2. 二维数组的存储

二维数组在内存当中的存储是线性的，以行优先为原则，起始下标均为 0，如果二维数组有 n 行，则先存储第 0 行的数组元素，再存储第 1 行的数组元素，最后存储第 n-1 行的数组元素。如图 5-4 所示，每个元素在内存中的存储地址可以用取地址符 & 来获得。

int a[3][4];

内存地址	二维数组元素
2000	a[0][0]
2004	a[0][1]
2008	a[0][2]
2012	a[0][3]
2016	a[1][0]
2020	a[1][1]
2024	a[1][2]
2028	a[1][3]
2032	a[2][0]
2036	a[2][1]
2040	a[2][2]
2044	a[2][3]

图 5-4　二维数组在内存中按行优先顺序存储

【例 5-11】使用取地址符 &，输出数组各个元素的地址。

【分析】本例通过取地址运算，输出二维数组中每个元素的地址，帮助读者充分理解数组元素在内存中的存放规律。

程序代码如下：
```
    #include <stdio.h>
    int  main(void)
    {
        int a[3][4], i, j;
        for(i = 0; i < 3; i++)
```

```
                for(j = 0; j < 4; j++)        //输出第 i 行第 j 个元素的内存地址
                    printf("a[%d][%d]元素的地址=%d\n", &a[i][j]);
            return 0;
        }
```

程序运行结果如下：

```
    a[0][0]元素的地址=1638168
    a[0][1]元素的地址=1638172
    a[0][2]元素的地址=1638176
    a[0][3]元素的地址=1638180
    a[1][0]元素的地址=1638184
    a[1][1]元素的地址=1638188
    a[1][2]元素的地址=1638192
    a[1][3]元素的地址=1638196
    a[2][0]元素的地址=1638200
    a[2][1]元素的地址=1638204
    a[2][2]元素的地址=1638208
    a[2][3]元素的地址=1638212
```

也可以把二维数组理解为是一维数组的数组，该数组中的每个元素都是相同类型的数组，如图 5-5 所示，对于 int a[3][4]二维数组而言，a[0]、a[1]、a[2]就是这个数组的 3 个元素，它们分别是由 4 个整数构成的一维数组，即 a[0]、a[1]、a[2]是这 3 个一维数组的名字，也是它们的首地址。

行号

a[0]	a[0][0]	a[0][1]	a[0][2]	a[0][3]
a[1]	a[1][0]	a[1][1]	a[1][2]	a[1][3]
a[2]	a[2][0]	a[2][1]	a[2][2]	a[2][3]

图 5-5　二维数组

【例 5-12】利用行号，输出二维数组中各元素的地址。

【分析】将二维数组理解为一维数组的数组，输出其中的行号（行地址），以及每一行的元素地址。

程序代码如下：

```
    #include<stdio.h>
    int main(void)
    {
        int a[3][4], i, j;
        for(i = 0;i < 3;i++)
        {
            printf("a[%d]行的地址=%d\n", a[i]);
            for(j = 0;j < 4;j++)    //输出第 i 行第 j 个元素地址
            printf("a[%d]行的 a[%d][%d]元素的地址=%d\n", i, i, j, a[i]+j);
        }
        return 0;
    }
```

程序运行结果如下：
```
a[0]行的地址=1638168
a[0]行的 a[0][0]元素的地址=1638168
a[0]行的 a[0][1]元素的地址=1638172
a[0]行的 a[0][2]元素的地址=1638176
a[0]行的 a[0][3]元素的地址=1638180
a[1]行的地址=1638184
a[1]行的 a[1][0]元素的地址=1638184
a[1]行的 a[1][1]元素的地址=1638188
a[1]行的 a[1][2]元素的地址=1638192
a[1]行的 a[1][3]元素的地址=1638196
a[2]行的地址=1638200
a[2]行的 a[2][0]元素的地址=1638200
a[2]行的 a[2][1]元素的地址=1638204
a[2]行的 a[2][2]元素的地址=1638208
a[2]行的 a[2][3]元素的地址=1638212
```

5.2.2　二维数组元素的引用和赋值

1. 二维数组元素的引用

数组元素引用的一般形式如下：
```
数组名[行号][列号];      //这里的[]是下标运算符
```
"行号"和"列号"是整数类型表达式，行号的取值是 0～（行数-1），列号的取值是 0～（列数-1）。

数组不能整体输入、输出和赋值，只能对数组元素进行输入、输出和赋值。

【例 5-13】输入 6 个整数到 2 行 3 列的二维数组 a 中，将二维数组 a 中的数组元素转置，即行列互换，存储到 3 行 2 列的二维数组 b 中，输出二维数组 b 中的数组元素。

【分析】输入 6 个整数后，将行和列变换一下就可以完成数组转置。

程序代码如下：
```c
#include <stdio.h>
int main(void)
{
    int i, j, a[2][3], b[3][2];
    printf("Input 6 integers:\n");
    for(i = 0;i < 2;i++)
        for(j = 0;j < 3;j++)
            scanf("%d", &a[i][j]);      //输入二维数组 a 中的 6 个元素
    for(i = 0;i < 3;i++)                 //把数组 a 中的元素转置到数组 b 中
        for(j = 0;j < 2;j++)
            b[i][j] = a[j][i];
    for(i = 0;i < 3;i++)                 //输出二维数组 b 中的 6 个元素
    {
```

```
        for(j = 0;j < 2;j++)
            printf("%5d ", b[i][j]);
        printf("\n");
    }
    return  0;
}
```
程序运行结果如下：
```
Input  6  integers:
1  3  5↙
2  4  6↙
1  2
3  4
5  6
```

【例5-14】求3行5列的二维数组中的最大值。

【分析】先假设 score[0][0]是最大值，再用双重循环将 15 个数组元素与假设的最大值进行比较。如果数组元素 score[i][j]比假设的最大值还要大，将最大值修改为 score[i][j]。双重循环结束时，求出二维数组中的最大值。

程序代码如下：
```
#include <stdio.h>
int  main(void)
{
    int  i,  j;
    double  score[3][5],  max;
    printf("Input 15 numbers:\n");
    for(i = 0; i < 3; i++)
        for(j = 0; j < 5; j++)
            scanf("%lf", &score[i][j]);
    max = score[0][0];
    for(i = 0; i < 3; i++)
        for(j = 0; j < 5; j++)
            if(score[i][j] > max)
    max=score[i][j];
    printf("max=%.1f\n", max);
    return  0;
}
```
程序运行结果如下：
```
Input 15 numbers:
82.5  90  78.5  75  88↙
92.5  96  5.5  70  81↙
72.5  86.5  89  98  66↙
max=98.0
```

2. 二维数组元素的赋值

在数组声明时为数组赋值，称为初始化。例如：

```
int a[3][5] = {{1,3,5,7,9},{2,4,6,8,10},{11,12,13,14,15}};//①
int a[3][5] = {1,3,5,7,9,2,4,6,8,10,11,12,13,14,15};//②
```

两种初始化的效果相同，推荐使用方式①初始化，初始化后数组 a 中元素的值如图 5-6 所示。

	0	1	2	3	4
0	1	3	5	7	9
1	2	4	6	8	10
2	11	12	13	14	15

图 5-6　二维数组 a 中元素的值

如果初始值的个数少于行数与列数的乘积，剩余的数组元素将被初始化为 0。例如：

```
int  a[3][5] = {{1}, {3, 5},  {7, 9, 11}};
int  b[3][5] = {{1}, {3, 5}};
int  c[3][5] = {1, 3, 5};
```

初始化后二维数组 a、b、c 中元素的值如图 5-7 所示。

	0	1	2	3	4
0	1	0	0	0	0
1	3	5	0	0	0
2	7	9	11	0	0

（a）数组a

	0	1	2	3	4
0	1	0	0	0	0
1	3	5	0	0	0
2	0	0	0	0	0

（b）数组b

	0	1	2	3	4
0	1	3	5	0	0
1	0	0	0	0	0
2	0	0	0	0	0

（c）数组c

图 5-7　二维数组元素的值

在数组声明时为数组赋值，可以省略数组的行数，此时数组的行数为初始值的个数除以列数的商。例如：

```
//数组 a 的行数为 3
int  a[][5] = {{1, 3, 5, 7, 9}, {2, 4, 6, 8, 10}, {11, 12, 13, 14, 15}};
```

只能在数组声明时为数组赋值，在其他位置只能给数组元素赋值，不能给数组赋值。例如：

```
int  a[2][3];
a = {{1, 3, 5}, {2, 4, 6}};          //错误！错误原因：数组名 a 是不可修改的
a[2][3] = {{1, 3, 5}, {2, 4, 6}};//错误！错误原因：行号为 0～1，列号为 0～2
a[1][2] = {{1, 3, 5}, {2, 4, 6}}; //错误！错误原因：数组元素 a[1][2]只有一个值
a[1][2] = 6;                          //正确
```

【例 5-15】用 5 行 3 列的二维数组存储 5 名学生 3 门课程的考试成绩，计算每名学生的平均成绩。

【分析】二维数组 s[5][3]，共有 5 行，对应 5 名学生的成绩，外循环 5 次，每次求 1 名学生的平均成绩。代码如下：

```
    for(i = 0;i < 5;i++)
    {
        sum = 0;
        //计算第 i 行数组元素的和 sum，即 3 门课程的总成绩
        //输出平均成绩 sum/3
    }
```

程序代码如下：

```
#include <stdio.h>
int main(void)
{
    int i, j;
    double sum, s[5][3] = {{82.5, 90, 78.5},
                           {75, 88, 92.5},
                           {95, 65.5, 70},
                           {81, 72.5, 86.5},
                           {89, 98, 66}};
    for(i = 0;i < 5;i++)
    {
        sum = 0;
        for(j = 0;j < 3;j++)
            sum += s[i][j];
        printf("avg%d = %.1f\n", i + 1, sum/3);
    }
    return 0;
}
```

程序运行结果如下：

```
avg1=83.7
avg2=85.2
avg3=76.8
avg4=80.0
avg5=84.3
```

5.2.3 二维数组使用示例

【例 5-16】高一（9）班现有 6 名学生，请输入 6 名学生的语文、数学、外语 3 门课程的成绩，分别求每名学生的平均成绩和每门课程的平均成绩。

【分析】要满足上述程序的要求，必须定义一个二维数组，用来存放学生各门课程的成绩。这个数组的每一行表示某名学生的各门课程的成绩及其平均成绩，每一列表示某门课程的所有学生成绩及该门课程的平均成绩。因此，在定义该学生成绩的二维数组时行数和列数要比学生人数及课程门数多 1。成绩数据的输入输出及每名学生的平均成绩、各门课程的平均成绩的计算方法比较简单。

程序代码如下：

```
#include <stdio.h>
```

```
#define  NUM_std     6              //定义符号常量学生人数为 6
#define  NUM_course  3              //定义符号常量课程门数为 3
int main ()
{
    int i, j;
    float score[NUM_std+1][NUM_course+1] = {0};
    //定义成绩数组，各元素初值为 0
    for(i = 0; i < NUM_std; i++)
        for(j = 0; j < NUM_course; j++)
        {
            printf ("请输入第%d 名学生的第%d 门课程的成绩:",i+1, j+1);
            scanf ("%f", &score[i][j]);  //输入第 i 名学生的第 j 门课程的成绩
        }
    for(i = 0; i < NUM_std; i++)
    {
        for(j = 0; j < NUM_course; j++)
        {
            score[i][NUM_course] += score[i][j];//求第 i 名学生的总成绩
            score[NUM_std][j] += score[i][j];   //求第 j 门课程的总成绩
        }
        score[i][NUM_course] /= NUM_course;     //求第 i 名学生的平均成绩
    }
    for(j = 0; j < NUM_course; j++)
        score[NUM_std][j]  /= NUM_std;          //求第 j 门课程的平均成绩
    //输出每名学生各门课程的成绩和平均成绩
    printf(" NO.  语文   数学  外语  平均成绩\n");
    for(i = 0; i < NUM_std; i++)
    {
        printf("STU%d   ", i+1);
        for(j = 0; j < NUM_course+1; j++)
            printf("%6.1f\t", score[i][j]);
        printf("\n");
    }
    printf("----------------------------");  //输出 1 条短划线
    printf("\n 课程平均成绩");
    for(j = 0;  j < NUM_course; j++)             //输出每门课程的平均成绩
        printf("%6.1f   ", score[NUM_std][j]);
    printf("\n");
    return 0;
}
```

程序运行结果如下：
```
    请输入第 1 名学生的第 1 门课程的成绩：82
    请输入第 1 名学生的第 2 门课程的成绩：76
    请输入第 1 名学生的第 3 门课程的成绩：82
    请输入第 2 名学生的第 1 门课程的成绩：81
    请输入第 2 名学生的第 2 门课程的成绩：62
    请输入第 2 名学生的第 3 门课程的成绩：67
    请输入第 3 名学生的第 1 门课程的成绩：75
```

```
请输入第 3 名学生的第 2 门课程的成绩：76
请输入第 3 名学生的第 3 门课程的成绩：92
请输入第 4 名学生的第 1 门课程的成绩：84
请输入第 4 名学生的第 2 门课程的成绩：85
请输入第 4 名学生的第 3 门课程的成绩：76
请输入第 5 名学生的第 1 门课程的成绩：81
请输入第 5 名学生的第 2 门课程的成绩：83
请输入第 5 名学生的第 3 门课程的成绩：74
请输入第 6 名学生的第 1 门课程的成绩：92
请输入第 6 名学生的第 2 门课程的成绩：88
请输入第 6 名学生的第 3 门课程的成绩：95
No.         语文        数学        外语       平均成绩
STU1        82.0        76.0        82.0        80.0
STU2        81.0        62.0        67.0        70.0
STU3        75.0        76.0        92.0        81.0
STU4        84.0        85.0        76.0        81.7
STU5        81.0        83.0        74.0        79.3
STU6        92.0        88.0        95.0        91.7
-----------------------------------------------
课程平均成绩  82.5       78.3        81.0
```

【例 5-17】计算并输出 6×6 的杨辉三角形（图 5-8）。

杨辉三角，是二项式系数在三角形中的一种几何排列，记载在中国南宋数学家杨辉 1261 年所著的《详解九章算法》中。

```
                        1
                      1   1
                    1   2   1
                  1   3   3   1
                1   4   6   4   1
              1   5  10  10   5   1
            1   6  15  20  15   6   1
          1   7  21  35  35  21   7   1
        1   8  28  56  70  56  28   8   1
      1   9  36  84 126 126  84  36   9   1
    1  10  45 120 200 252 200 120  45  10   1
```

图 5-8　杨辉三角形

【分析】可以用 6 行 6 列的二维数组 t 计算并存储 6 行 6 列的杨辉三角形，且只需计算二维数组 t 中下三角部分的数组元素。二维数组 t 中第 i 行下三角部分的数组元素计算方法如下：

```
t[i][0] = 1
t[i][j] = t[i-1][j-1] + t[i-1][j](0<j<i)
t[i][i] = 1
```

程序代码如下：

```
#include <stdio.h>
```

```
    int main(void)
    {
        int i, j, t[6][6];
        for(i = 0 ;I < 6;i++)
        {
            t[i][0] = 1;
            for(j = 1;j < i;j++)
                t[i][j] = t[i-1][j-1] + t[i-1][j];
            t[i][i] = 1;
        }
        for(i = 0; i < 6;i++)
        {
            for(j = 0;j <= i;j++)
                printf("%6d", t[i][j]);
            printf("\n");
        }
        return  0;
    }
```

程序运行结果如下：

```
1
1   1
1   2   1
1   3   3   1
1   4   6   4   1
1   5  10  10   5   1
```

5.3 数组作为函数参数

5.3.1 一维数组作为函数参数

"数组名"代表数组的首地址，是一个常量，因此数组名不能进行自增自减运算，也不能在赋值语句中作为左值使用。但是如果数组名作为函数的形参，就退化为一个变量，此时数组名可以进行自增自减运算，也可以作为赋值语句中的左值。

函数的参数传递过程采用值传递方式，即把实参的值传递给形参，形参在子函数中有自己的存储空间，因此当形参的值在子函数中有变化，不会影响其对应的实参在主函数中的值。

【例 5-18】参数的值传递方式：交换 x 和 y 的值。

【分析】参数的值传递方式是指在函数调用中，实参的值传递给形参，形参是子函数中的内部变量，它的改变不会影响实参。

程序代码如下：

```
    #include <stdio.h>
```

```
void swap(int a, int b);
int main ()
{
    int x = 9, y = 7;
    printf("调用前：x=%d, y=%d\n", x, y);
    swap(x, y);
    printf("调用后：x=%d, y=%d\n", x, y);
    return 0;
}
void swap(int a, int b)
{
    int t;
    t = a;
    a = b;
    b = t;
}
```
程序运行结果如下：
```
调用前：x=9, y=7
调用后：x=9, y=7
```

为什么没有发生交换呢？因为实参 x、y 是把值传递给了子函数中的形参 a、b（图 5-9），主函数中变量 x、y 的内存空间与子函数中的形参 a、b 的内存空间是不同的存储空间，当形参的值在子函数中发生变化时，不会影响其对应的实参在主函数中的值。

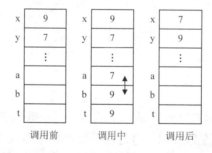

图 5-9　值传递方式实参和形参内存空间示意图

【例 5-19】一维数组作为形参，地址传递方式：交换 x 和 y 的值。

【分析】把数据存储在数组中，将数组作为子函数参数的传递方式，就是地址传递方式。这时并不会在子函数中另外开辟数组空间，子函数的数组参数指向主函数中的数组空间，可以在子函数中改变主函数数组中的元素值。

程序代码如下：
```
#include <stdio.h>
void swap(int a[]);
int main ()
{
```

```
        int x[2] = {9, 7};
        printf("调用前: x[0]=%d, x[1]=%d\n", x[0], x[1]);
        swap(x);                    //数组做参数，把数组的首地址传递给形参
        printf("调用后: x[0]=%d, x[1]=%d\n", x[0], x[1]);
        return 0;
    }
    void swap(int a[])
    {
        int t;
        t = a[0];
        a[0] = a[1];
        a[1] = t;
    }
```
程序运行结果如下：
```
    调用前: x[0]=9, x[1]=7
    调用后: x[0]=7, x[1]=9
```

一维数组作为形参是参数的地址传递方式，形参得到实参数组的首地址，在子函数中可以通过该地址直接访问该数组中的元素，这样子函数中的运算就会直接反应到主函数中，如图 5-10 所示。

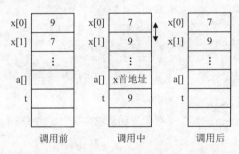

图 5-10　数组作为形参的地址传递方式

一维数组作为函数参数时，在主函数调用语句中，只能写数组名，不能写数组元素（那就还是值传递），也不能写数组定义语句。以下都是错误的调用语句写法：
```
    swap(x[]);          //错误
    swap(x[2]);         //错误
    swap(int x[2]);     //错误
    swap(x[0]);         //错误
    swap(x[1]);         //错误
```

5.3.2　二维数组作为函数参数

二维数组作为函数参数和一维数组作为函数参数是一样的，都是地址传递方式。

【例 5-20】编写程序，在子函数中查找二维数组中的总成绩高于 270 分的学生。

高一（9）班现有 6 名学生，请输入 6 名学生的语文、数学、外语 3 门课程的成绩，利用子函数，查找其中总分高于 270 分的学生。

【分析】在二维数组中找到某个指定元素，最简单的方法就是遍历该数组，如果没有找到，则输出-1。

程序代码如下：

```
#include <stdio.h>
#define NUM_std     6               //定义符号常量学生人数为6
#define NUM_course  3               //定义符号常量课程门数为3
void input(float score[][ NUM_course+1])
{
    int i, j;
    for(i = 0; i < NUM_std; i++)
        for(j = 0; j < NUM_course; j++)
        {
            printf("请输入第%d名学生的第%d门课程的成绩:", i+1, j+1);
            scanf("%f", &score[i][j]); //输入第i名学生的第j门课程的成绩
        }
}
void search(float score[][ NUM_course+1])
{
    int i, j;
    int  flag = 0;                    //查找标志
    for(i = 0; i < NUM_std; i++)
        for(j = 0; j < NUM_course; j++)
            score[i][NUM_course] += score[i][j];//求第i名学生的总成绩
    for(i = 0; i < NUM_std; i++)
        if(score[i][ NUM_course]>=270)
        {
            flag = 1;
            printf("第%d名学生的总成绩高于270分\n", i+1);
        }
    if(flag == 0)
        printf("\n-1\n");
}
int main()
{
    //定义成绩数组，各元素初值为0
    float score[NUM_std+1][NUM_course+1] = {0};
    input(score);         //调用input函数
    search(score);        //调用search函数
}
```

程序运行结果如下：

请输入第1名学生的第1门课程的成绩：88
请输入第1名学生的第2门课程的成绩：56
请输入第1名学生的第3门课程的成绩：95
请输入第2名学生的第1门课程的成绩：65
请输入第2名学生的第2门课程的成绩：65
请输入第2名学生的第3门课程的成绩：88
请输入第3名学生的第1门课程的成绩：84

请输入第 3 名学生的第 2 门课程的成绩：95
请输入第 3 名学生的第 3 门课程的成绩：99
请输入第 4 名学生的第 1 门课程的成绩：65
请输入第 4 名学生的第 2 门课程的成绩：85
请输入第 4 名学生的第 3 门课程的成绩：75
请输入第 5 名学生的第 1 门课程的成绩：77
请输入第 5 名学生的第 2 门课程的成绩：88
请输入第 5 名学生的第 3 门课程的成绩：68
请输入第 6 名学生的第 1 门课程的成绩：98
请输入第 6 名学生的第 2 门课程的成绩：88
请输入第 6 名学生的第 3 门课程的成绩：91
第 3 名学生的总成绩高于 270 分
第 6 名学生的总成绩高于 270 分

二维数组作为函数参数时，在主函数调用语句中，只能写数组名，不能写数组元素（那就还是值传递），也不能写数组定义语句。以下都是错误的调用语句写法：

```
search(score[][]);                          //错误
search(score[NUM_std+1][]);                 //错误
search(score[NUM_std+1][ NUM_course+1]);    //错误
search(score[2]);                           //错误
search(score[2][3]);                        //错误
```

另外，二维数组在子函数中作为形参时，第一维长度可以不写，但是第二维的长度必须写清楚。

5.3.3　数组作为函数参数举例

【例 5-21】斐波那契（Fibonacci）数列，又称黄金分割数列，指的是这样一个数列：0、1、1、2、3、5、8、13、21……可以如下方法定义：F0=0，F1=1，Fn=F(n-1)+F(n-2)，请编写程序，按照每行 10 个数输出 30 个斐波那契数列元素。

程序代码如下：

```
#include <stdio.h>
#define  N  30            //定义符号常量，斐波那契数列元素 30 个
void fibo(int  f[])        //fibo 子函数
{
    int i;
    f[0] = 0,  f[1] = 1;
    for(i = 2;i < N;i++)
        f[i] = f[i-1] + f[i-2];
}
int main ()
{
    int  i = 0, k = 0;
    int  f[N] = {0};       //定义数组，各元素初值为 0
    fibo(f);               //调用 fibo 子函数，计算斐波那契数列中的元素
    for(i = 0;i < N;i++)//按要求打印输出
```

```
    {
        printf("%d\t", f[i]);
        k++;
        if(k % 10 == 0)
            printf("\n");
    }
    return 0;
}
```

程序运行结果如下：

```
0      1      1      2      3      5      8      13     21     34
55     89     144    233    377    610    987    1597   2584   4181
6765   10946  17711  28657  46368  75025  121393 196418 317811 514229
```

【例 5-22】编写程序，在子函数中删除数组内某个指定元素。已知某公司员工工资记录在数组 salary[N]中，输入需要删除的工资数 money，将其从工资数组 salary 中删除，若不存在，则输出-1。

【分析】删除数组中的某个元素，必须先找到该元素，再进行删除，如果没有找到，则输出-1。

程序代码如下：

```
#include <stdio.h>
#define N 6                         //定义符号常量员工数为 6
void input(float  salary[])
{
int i, j;
    for(i = 0; i < N; i++)
    {
        printf("请输入第%d名员工的工资:",  i+1);
        scanf("%f",   &salary[i]);         //输入第 i 名员工的工资
    }
}
int search(float salary[])
//查找指定的元素，若找到，则返回该员工的下标，否则返回-1
{
    int i;
    float money=0;
    printf("请输入你想要删除的员工工资=");
    scanf("%f", &money);
    for (i = 0; i < N; i++)
        if(salary[i] == money)
            return i;
     return -1;
}
void del(float salary[], int k)          //删除函数，删除下标为 k 的元素
{
    int i;
```

```
        for(i = 0;i < N-1;i++)
            if(i >= k)
                salary[i] = salary[i+1];
    }
    void show(float salary[])
    {
        int i, j;
        printf("现有员工工资：\n");
        for (i = 0; i < N-1; i++)
            printf ("第%d名员工的工资：%.1f\n", i+1, salary[i]);
    }
    int main()
    {
        int  i = 0;
        float  salary[N] = {0};        //定义工资数组，各元素初值为0
        float money = 0;
        input(salary);                 //调用 input 函数
        if((i=search(salary)) != -1)//调用 search 函数，查找目标元素
        {
            del(salary, i);            //调用 del 函数，删除下标为 i 的元素
        }
        else
            printf("没有找到! ");
        show(salary);                  //调用 show 函数，显示当前工资数组全部元素
        return 0;
    }
```

程序运行结果如下：

    请输入第 1 名员工的工资:3334.6↙
    请输入第 2 名员工的工资:5660.8↙
    请输入第 3 名员工的工资:9256.8↙
    请输入第 4 名员工的工资:15243.6↙
    请输入第 5 名员工的工资:15237.1↙
    请输入第 6 名员工的工资:3366.0↙
    请输入你想要删除的员工工资=15243.6↙
    现有员工工资：
    第 1 名员工的工资:3334.6
    第 2 名员工的工资:5660.8
    第 3 名员工的工资:9256.8
    第 4 名员工的工资:15237.1
    第 5 名员工的工资:3366.0

5.4 应 用 案 例

【案例】编写程序，在数组尾部追加一个新元素。已知某公司员工工资记录在数组 salary[N]中，输入需要新增的工资，在工资数组 salary 中追加该元素。

【分析】要想在数组尾部增加一个元素，必须知道数组的最后一个元素的下标，然后增加一个新元素。

程序代码如下：

```c
#include <stdio.h>
#define N 100
int main()
{
    double salary[N];
    int  n = 0,  i;              //n 为公司实际人数
    printf("目前公司实际人数 n=");
    scanf("%d",  &n);
    for(i = 0;i < n;i++)
    {
        printf("员工%d 的工资=",  i+1);
        scanf("%lf",  &salary[i]);
    }
    printf("\n 新增加一名员工！\n 新员工工资=");
    scanf("%lf",  &salary[i]);
    n++;                         //员工数量+1
    for(i = 0;i < n;i++)
        printf("\n 员工%d 的工资=%.2lf\n",  i+1,  salary[i]);
}
```

程序运行结果如下：

```
目前公司实际人数 n=3✓
员工 1 的工资=2235✓
员工 2 的工资=5685✓
员工 3 的工资=14564✓
新增加一名员工！
新员工工资=5899✓
员工 1 的工资=2235.00
员工 2 的工资=5685.00
员工 3 的工资=14564.00
员工 4 的工资=5899.00
```

本 章 小 结

数组是相同类型元素的集合，依次存储在连续内存空间中，优点是可以高效地处理相同类型的信息。例如，员工工资、学生成绩、商品价格、库存数量等同一数据类型的大量数据，使用数组进行存储、计算、输入和输出都十分便捷。

数组的缺点是需要占据较大的连续的内存空间。当内存容量有限，或者是内存空闲空间碎片化的时候，不太适合使用数组作为存储空间处理数据，这时需要使用节点、链表等作为存储空间。

本 章 习 题

一、单选题

1. 下列定义中，合法的数组定义是（   ）。

    A. int a[]="Language";   B. double a[]={0};

    C. float a[9]={};   D. int a[5]={0,1,2,3,4,5};

2. 下列程序的运行结果是（   ）。

```c
#include <stdio.h>
int main(void)
{
    int n[2] = {0},  i,  j,  k = 2;
    for(i = 0;i < k;i++)
        for(j = 0;j < k;j++)
            n[j] = n[i]+1;
    printf("%d\n",  n[k]);
    return 0;
}
```

    A. 不确定的值   B. 3   C. 2   D. 1

3. 下列程序的运行结果是（   ）。

```c
#include <stdio.h>
int main()
{
    int i, j, s = 0;
    int a[4][4] = {1,2,3,4,0,2,4,6,3,6,9,12,3,2,1,0};
    for(j = 0;j < 4;j++)
    {
        i = j;
        if(I > 2)i = 3-j;
        s+=a[i][j];
    }
    printf("%d\n",  s);
}
```

    A. 18   B. 16   C. 12   D. 11

4. 下列程序的运行结果是（   ）。

```c
#include <stdio.h>
f(int b[], int m, int n)
{
    int i, s = 0;
    for(i = m;i < n;i = i+2)        s = s+b[i];
    return s;
}
int main()
{
```

```c
    int  x,  a[] = {1,2,3,4,5,6,7,8,9};
    x = f(a, 3, 7);
    printf("%d\n",  x);
    return 0;
}
```

    A. 10   B. 18   C. 8   D. 15

5. 下列程序的运行结果是（　　）。

```c
#include <stdio.h>
void sort(int a[], int n)
{
    int  i,  j,  t;
    for(i = 0;i < n-1;i++)
        for(j = i+1;j < n;j++)
            if(a[i] < a[j])
                {t = a[i];a[i] = a[j];a[j] = t;}
}
int  main()
{
    int  aa[10] = {1,2,3,4,5,6,7,8,9,10},i;
    sort(&aa[3],  5);
    for(i = 0;i < 10;i++)
        printf("%d, ", aa[i]);
    printf("\n");
    return 0;
}
```

    A. 1, 2, 3, 4, 5, 6, 7, 8, 9, 10,   B. 10, 9, 8, 7, 6, 5, 4, 3, 2, 1,
    C. 1, 2, 3, 8, 7, 6, 5, 4, 9, 10,   D. 1, 2, 10, 9, 8, 7, 6, 5, 4, 3,

二、填空题

1. 下面程序的运行结果是_____。

```c
#include <stdio.h>
int main(void)
{
    int  i, f[10];
    f[0] = f[1] = 1;
    for(i = 2;i < 10;i++)
        f[i] = f[i-2] + f[i-1];
    for(i = 0;i < 10;i++)
        {
        if(i % 4 == 0)
            printf("\n");
        printf("%3d", f[i]);
        }
}
```

2. 以下程序实现对 20 个数按由大到小排序，并输出排序结果。请填空。

```c
#include <stdio.h>
int main(void)
```

```
{
    int i,  j,  n[20],  temp;
    printf("\nEnter  20  integers;");
    for(i = 0;i < 20;i++)
    {        ①
        printf("\n");
    }
    for(i = 0;i < 19;i++)
              ②
    if(n[i] > n[j])
    { temp = n[i];  n[i] = n[j];        ③        ;}
              ④
    { if(i % 5 == 0)
            printf("\n");
        printf("%5d",  n[i]);
    }
}
```

3. 以下程序是求矩阵 a 和 b 的和，结果存入矩阵 c 中，并按矩阵形式输出。请填空。

```
#include <stdio.h>
void main()
{
    int  a[3][4] = {{13,-2,7,5},{1,0,4,-3},{6,8,0,2}};
    int  b[3][4] = {{-2,0,1,4},{5,-1,7,6},{6,8,0,2}};
    int  i,j,c[3][4];
    for(i = 0;i < 3;i++)
        for(j = 0;j < 4;j++)
            c[i][j] =            ①            ;
    for(i = 0;i < 3;i++)
        {
            for(j = 0;j < 4;j++)
                    printf("%3d",c[i][j]);
                    ②            ;
        }
}
```

4. 以下程序中，函数 reverse 的功能是将 a 数组进行逆置，程序运行结果
是_____。

```
#include <stdio.h>
void reverse(int a[],  int n)
{
    int i, t;
    for(i = 0;i < n/2;i++)
    { t = a[i] ; a[i] = a[n-1-i] ; a[n-1-i] = t ; }
}
int main(void)
{
    int  b[10] = {1,2,3,4,5,6,7,8,9,10};
    int i,  s = 0;
    reverse(b,8);
    for(i = 6;i < 10;i++)
```

```
        s += b[i];
    printf("%d\n",s);
    return 0;
}
```

5. 判断二维数组是否对称。检查二维数组 a 是否对称，即对所有 i, j 都满足 a[i][j] 和 a[j][i] 的值相等。假定变量都已正确定义并赋值，请填空。

```
found = 1;
for(i = 0;i < n;  i++){
    for(j = 0;  j < n;j++){
        if(_____①_____){
            _____②_____;
            break;
        }
    }
    if(_____③_____)break;
}
if( found != 0)  printf("该二维数组对称\n ");
else   printff("该二维数组不对称\n ");
```

三、编程题

1. 定义数组 int f[20]={1,1}，参考例题 5-21，编写程序求斐波那契数列前 40 个数，并每行输出 10 个。

2. 输入 10 个数到数组 t 中，求最小值及最小值在数组 t 中的下标。

3. 编写查找子函数 void search(double t[], double x)，并在主函数中调用它。要求编程实现以下功能：输入 10 个数到数组 t 中，再输入 x，如果有与 x 相等的数组元素，则输出该数组元素的下标；否则，输出-1。

4. 编写排序子函数 void sort(double t[])，并在主函数中调用它。要求编程实现以下功能：输入 10 个数到数组 t 中，按降序排序输出排序结果。

5. 输入 10 个整数到数组 t 中，将数组 t 中的数组元素倒置，输出倒置以后的数组 t。例如，数组 t 中 10 个数组元素依次为 1、3、5、7、9、8、6、4、2、0，倒置以后 10 个数组元素依次为 0、2、4、6、8、9、7、5、3、1。已知变量声明和数组声明为 "int i, tmp, t[10];"，要求不再声明其他变量或数组。

6. 编写删除子函数 void del(int t[ ] , int n)，并在主函数中调用它。要求编程实现以下功能：已知数组声明为 "int a[10]={0, 10, 20, 30, 40, 50, 60, 70, 80, 90};"，10 个数组元素是按升序排列的。输入一个整数 n，如果没有与 n 相等的数组元素，输出-1；否则，删除与 n 相等的数组元素，要求剩余的 9 个数组元素是按升序排列的，输出数组。

7. 求 3 行 5 列二维数组中的最小值，以及最小值在数组中的行号和列号，并输出。

8. 计算两个矩阵 int a[3][4] 和 int b[4][3] 的乘积 int c[3][3]。

提示：两个矩阵乘积的元素的值 $c[i][j] = \sum_{k=0}^{3} a[i][k] * b[k][j]$。

第6章 指 针

学习前面章节的过程中，读者一定会有不少的疑惑：在调用 scanf 函数为变量输入值时，变量名前为什么需要加&符号？能否定义交换两个变量值的函数呢？能否定义一个通用的排序函数，使它能按元素值递增或递减排序呢？数组名作函数的实参时，传递的是数组元素的值吗？……

回答或解决上述问题，都涉及指针。指针是 C 语言中最令人兴奋的话题。C 语言被认为是运行最快、最强大的语言，主要得益于强大的指针机制。使用指针也是有风险的，即使对经验丰富的程序员也是如此，不规范地使用指针会产生难以预料的错误。本章讲解指针的概念和应用，以及如何规范、安全地使用指针。

6.1 指针的基本概念

6.1.1 内存地址与指针

在 C 语言中，指针是表示内存地址的数据类型。理解指针，首先应了解在计算机内存中如何存储数据。

程序运行所需的数据和指令都存储在计算机的内存中。内存的基本单位是字节（byte），每个字节由 8 个二进制位（bit）组成。内存是连续的编址空间，每一个字节由唯一的地址（address）来标识。32 位系统（本章均以此示例）采用 32 位地址编码，最多可寻址 2^{32} 个字节。

存储在内存中的程序块和数据元素称为存储对象，简称对象。存储对象都有确定的地址，即其首字节的地址。在程序中定义变量，编译器即将变量地址和变量名关联起来，程序员通过变量名访问变量，硬件则通过地址访问变量。

在 C 语言中，程序员如何获取对象的地址呢？这就需要使用取址运算符&。调用 scanf 函数时变量名前的&符号，就是取址运算符。如果已定义变量 n，那么表达式&n 即为变量 n 的内存地址。printf 函数输出变量地址时，通常采用%p 格式符来输出定长（地址总线宽度）的十六进制地址。

【例6-1】定义不同类型的变量，并查看它们的地址。
程序代码如下：

```
#include <stdio.h>
int main()
{
```

```
        char a = 'T';
        int b = 999;
        float c = 1.5;
        double d = 1.6;
        printf("Address of a: %p  Value: %d\n",   &a, a);
        printf("Address of b: %p  Value: %c\n",   &b, b);
        printf("Address of c: %p  Value: %.2f\n", &c, c);
        printf("Address of d: %p  Value: %.2f\n", &d, d);
        return 0;
    }
```
不同系统环境下，内存分配的地址不一样。运行程序，可能输出如下：
```
    Address of a: 0060FEFF   Value: T
    Address of b: 0060FEF8   Value: 999
    Address of c: 0060FEF4   Value: 1.50
    Address of d: 0060FEE8   Value: 1.60
```

程序依次定义了 4 个不同类型的变量 a（字符型）、b（整型）、c（浮点型）、d（双精度浮点型），然后依次输出这 4 个变量的地址和值。表达式&a、&b、&c、&d 分别为这些变量的地址采用指针的形式输出。本例中，字符变量 a 占 1 字节，整型变量 b 占 4 字节，浮点变量 c 占 4 字节，双精度浮点变量 d 占 8 字节。它们的指针为其首字节的地址。各变量存储地址如图 6-1 所示。

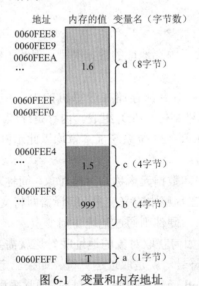

图 6-1　变量和内存地址

从形式上看，存储对象的地址是一个无符号整数，但是它的运算和范围均不同于整型，存储对象的地址是指针类型。

指针是存储对象的地址，声明指针需要使用指针声明符"*"，此外还要确定存储对象的地址，即指针的基类型（base type）。在例 6-1 中，表达式&a 的类型是 char*，&b 的类型是 int*，&c 的类型是 float*，&d 的类型是 double*。基类型不同的指针是不同类型的指针。

当定义变量时，系统将为变量分配地址，因此变量的地址（如&a）可视为指针常量。

6.1.2 指针变量

前面所述的"指针"是表示地址的逻辑概念。程序员经常会定义"指针变量"来存储一个对象的地址，并称它为"指向"（或引用）对象的指针。通过上下文，不难分辨逻辑概念的指针和指针变量，所以不再严格区分二者，指针就是地址。

定义指针变量的一般形式如下：

```
类型  *指针变量名 1 [,*指针变量名 2]
```

例如，下面两条语句：

```
int *ip,*iq;
double *pd;
```

ip 和 iq 均是基类型为 int 的指针变量，它们的类型声明为 int*，pd 的类型是 double*。

当定义同类型的多个指针变量时，指针变量名前都必须有指针说明符。下面的两行定义语句是等同的——定义整型指针（int *型）变量 p 和 int 型变量 n：

```
int*  p, n;
int  *p, n;
```

显然，后者的意义更明晰一些。因此，建议让指针声明符紧靠变量名。

定义变量时进行初始化，是良好的编程习惯，指针变量也不例外。例如：

```
int num = 10, *ip = &num, *iq = ip;
printf("Address of num: %p  Value: %d\n", &num, num);
printf("Address of ip: %p Value: %p\n", &ip, ip);
printf("Address of iq: %p  Value: %p\n", &iq, iq);
```

运行上述代码段，可能输出如下：

```
Address of num:   0060FEFC   Value: 10
Address of ip:   0060FEF8   Value:  0060FEFC
Address of iq:   0060FEF4   Value:  0060FEFC
```

程序定义了 3 个变量，整型变量 num（值为 10），int *变量 ip 和 iq（均初始化为 num 的地址），如图 6-2 所示。

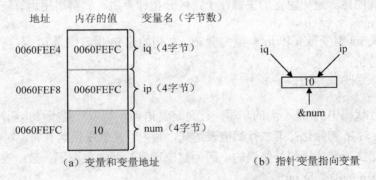

（a）变量和变量地址　　　　（b）指针变量指向变量

图 6-2　指针变量指向变量

由图 6-2（a）可知，指针变量 ip 和 iq 也是存储对象，故它们也有地址。在 32 位操作系统中，指针变量占据 4 字节。当将变量 num 的地址赋给指针变量 ip 和 iq 时，称它们"指向"（引用）变量 num。程序员通常会将指针抽象为指向对象的指针箭头，从而忽略具体的地址，形象地表达指针与它所引用对象的关系，如图 6-2（b）所示。

当然，通过对指针变量赋值，也能达到同样的效果。例如：

```
int num = 10, *ip, *iq;
ip = &num;
iq = &num;              //或者 iq = ip;
```

前面已强调过，指针并非整数类型，而且指针只能指向特定类型的对象（否则，不同的编译器，将引起语法错误或导致运行错误的警告）。例如：

```
int n = 100, *ip = &n;        //正确
char ch = 'T', *cp = &ch;     //正确
ip = &cp;               //不正确：不兼容赋值，char*表达式不能赋给 int*变量
cp = &n;                //不正确：不兼容赋值，int*表达式不能赋给 char*变量
ip = 0x60FEFC;          //不正确：不兼容赋值，int 型表达式不能赋给 int*变量
ip = 0;                 //可赋 0 给指针变量
```

可以看出，int * 型指针只能指向整型对象，char* 型指针只能指向字符对象。总之，指针变量只能指向特定类型的对象。除了 0 之外的整数不可以赋给指针变量（关于零指针后面会专门讨论）。

6.1.3　间接访问运算

C 语言访问变量有两种方式：直接访问和间接访问。通过变量名访问即直接访问；通过指针变量访问其所指对象的操作，称作间接访问或解引用指针（dereferencing the pointer）。

间接访问，需要用到单目运算符"*"，它也被称为间接寻址访问（或称解引用）运算符。请注意，在 C 语言中，*符号是被重载的，除了作为"乘"算术运算符外，根据上下文还有不同的意义：

（1）作为双目运算符，它是"乘"运算符。

（2）作为单目运算符，它是"间接寻址访问"运算符。

（3）在定义语句中，它是"指针声明符"。

若已有定义语句 int *p; 那么解引用表达式 *p 的类型为 int。这样的语法形式常常让初学者感到困惑。避免困惑的关键在于，区分指针声明符和解引用运算符。例如：

```
int n = 5, *ip = &n;
```

语句定义 int 型变量 n 和 int* 型变量 ip，并初始化 ip 指向变量 n。不能认为它与下面两行代码等价：

```
int n = 5,m, *ip=&m;
*ip = &n;               // 错误
```

上述两行代码中的*是不同的，第一行是定义语句，其中* 是指针声明符，声明 ip 是指针，&m 对 ip 初始化；第二行赋值表达式，其中* 是解引用运算符，对指针变量解引用。所以第二行赋值语句是错误的，因为赋值运算符两边类型不一致：表达式*ip 的类型是 int，&n 的类型是 int*.

正确的写法如下：

```
int n = 5,*ip;
ip = &n;                        //正确，令 ip 指向变量 n
```

下面是通过指针变量 ip 先后间接访问整型变量 x 和 y 的代码：

```
int x = 1, y = 2;
int *ip = &x;                       //定义指针 ip 并指向 x
*ip += 1;                           //x 的值更改为 2
ip = &y;                            //ip 指向 y
*ip = x * 10;                       //y 的值更改为 20
printf("x = %d, y = %d", x, y);     //输出 x = 2, y = 20
```

指针变量 ip 先后指向 x 和 y，通过间接访问运算，将它们的值更改为 2 和 20。

当指针 ip 指向变量 x 时，*ip 和 x 都是访问变量 x，在它们出现的任何上下文中可以相互替代。

ip 指向 x 时，赋值表达式 *ip += 1 等同于(*ip)++。首先对指针 ip 解引用运算访问变量 x，然后对变量 x 进行自增。这里的括号是必需的，否则*ip++ 等价于 *(ip++)，它是对指针 ip（而非对 ip 解引用的整型对象）进行自增运算。

请考虑，如何理解下面的语句：

```
int m;
*&m = 1;                                    //等价于 m=1
```

解析表达式*&m：变量 m 左边有两个一元运算符，从右往左结合，首先进行取址运算得 int *类型的&m（m 的地址）；再解引用运算得 int 型的 m。因此 *&m = 1 等价于 m=1。

假定整型变量 m 的地址是 0x60FEFC，分析下面的表达式语句。

```
    *0x60FEFC = 1;
```

似乎它也等价于 m=1;实际上此语句并不合法！因为， 0x60FEFC 是整型，并不支持解引用操作。除非将"整型"强制转换为"整型指针"，再进行解引用操作：

```
    * (int*) 0x60FEFC = 15;
```

实际编程时，几乎不会采用这种方式访问变量。因为，程序员只能通过运算符&获取变量地址，程序中不太可能出现字面值的变量地址。只有在特殊情况下，才可能利用这种方式访问硬件，如访问设备控制器的接口，因为它们的地址是特定的、预先可知的。

6.1.4　野指针与零指针

下面的代码，展示了使用指针时常见的错误，即对未初始化的指针随即进行解引用：

```
    int *p;                             //定义指针变量，但未初始化
    *p = 10;                            //写数据到 p 所指对象
```

未初始化的指针变量指向何处呢？未初始化（非静态）的局部变量的值是不确定的，未初始化的指针变量也不会指向一个确定的、可访问的内存单元，这种指向不可知的指针称为野指针（wild pointer）。

误用野指针是程序员的噩梦。如果对野指针的解引用进行读操作，将读取一个无意义的、不确定的数据；如果对野指针的解引用进行写操作，将导致如下更严重的错误：

（1）如果野指针指向非法地址，则写操作将会导致程序出错而终止程序。

（2）如果野指针恰好指向合法的存储对象，将无意识地修改此对象的值。这是最糟糕的情形，毕竟潜在的错误极难捕捉。

有一种特殊的指针被称为零指针（也称空指针）。零指针不指向任何对象。任何时候都应避免对零指针解引用，否则将导致程序终止。通常零指针被宏定义为 NULL，标

准库中有如下预编译语句：

```
#define NULL 0
```

程序员很难判断野指针，那么如何安全地使用指针呢？初始化策略是良好的编程风格，它能有效防止误用野指针。定义指针变量时将它初始化，使其指向确定的对象或零指针。采用这种初始化策略后，在解引用指针前与零指针进行比较，以避免解引用无效（未初始化）的指针。即便误用零指针，程序出错也远远好过潜在的错误。

测试指针变量 ip 是否可用（非零指针），可以采用如下两种形式：

```
if(ip)
if(ip != NULL)
```

以下两种方式，能将指针变量 pi 设置为零指针。

```
pi = NULL;
pi = 0;
```

有趣的是，可以给指针变量赋整数 0，但不能赋其他整数。零指针用 NULL 还是 0 取决于个人喜好，有些程序员喜欢 NULL，是为了强调这是指针；有些程序员觉得没必要，毕竟 NULL 就是 0。

6.2　指针与函数

6.1 节介绍了指针的基本概念及基本运算，但尚未涉及指针的实际应用。既然能够以变量名直接访问变量，那么有什么理由通过指针来间接访问呢？显然，在无法直接访问的情形下，就必须通过指针来间接访问对象。

在了解指针是如何加强函数功能之前，先简要回顾函数的基本概念。函数是相对独立的代码命名单元。函数中定义的非静态对象（包括形参、变量、数组元素）的生存期和访问范围都是局部的。目前来看，函数似乎还有如下 3 个局限性：

（1）函数采用"传值"调用，被调函数无法访问主调函数中定义的对象。

（2）函数只能返回唯一的函数值。

（3）调用函数时，可以向其传值，但不能传操作，即参数不能是函数。

它们制约了主调和被调用函数之间的信息交流，限制函数发挥功能。下面将运用指针来突破限制，倍增函数的能力。

6.2.1　指针作函数参数

分析下面的代码，主函数中调用 swap 函数，以试图交换变量 a 和 b 的值，那么能否定义实现此功能的函数呢？

```
int main()
{
    int a = 11,b = 22;
    swap(a,b);
    printf("a = %d, b = %d", a, b);    //希望输出 a=11, b=22
    return 0;
}
```

这里调用的"交换函数"的原型是 void swap(int, int)，它是不可能交换主函数中的变量值的。我们知道，在 C 语言中局部变量只能被定义它的函数所访问，函数的实参与形参结合的方式是传值。在运行上述程序时，swap(a, b)等价于 swap(11, 22)，当转入 swap 函数运行时无法访问主函数中的变量 a 和 b，自然也就无法交换它们的值。

虽然被调函数不能直接访问主调函数中定义的变量，但是通过指针可以实现间接访问。

【例 6-2】 定义交换函数，主函数通过调用它来交换两个变量的值。

程序代码如下：

```
#include <stdio.h>
void swap(int *pa,int *pb)
{
    int temp;
    temp = *pa;
    *pa = *pb;
    *pb = temp;
}
int main()
{
    int a = 11,b = 22;
    swap(&a, &b);
    printf("a = %d, a = %d", a, b);
    return 0;
}
```

程序运行结果如下：

```
a = 22, b = 11
```

这里所定义的"交换函数"的原型是 void swap(int*, int*)。主函数通过调用 swap 函数达到了交换主函数局部变量的目的。其交换过程如图 6-3 所示。

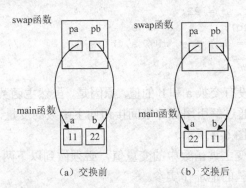

图 6-3　按地址调用，交换主函数的变量

（1）主函数通过 swap(&a, &b)调用 swap 函数，实参是地址表达式，传递 a 和 b 的地址给 swap 函数。

（2）swap 函数的形参 pa 和 pb 是指针变量，接收传来的实参值（a 和 b 的地址），于是 pa 和 pb 分别指向主函数的变量 a 和 b。

（3）转入 swap 函数运行时，通过 pa 和 pb 的解引用运算（*pa 和*pb）间接访问主函数中定义的变量 a 和 b。所以在 swap 函数中交换*pa 和*pb，就是交换主函数中的 a 和 b。

（4）从 swap 返回 main 函数时，swap 的局部变量 pa 和 pb 虽然已被释放，但是主函数中的变量 a 和 b 已交换。

变量名作为实参时，传递的是变量的值，被调函数无法访问主调函数中的变量。这种调用方式称为按值调用（call by value）。显然按值调用时，被调函数能获取主调函数中变量的值，但不能直接修改其值。

变量的地址作为实参时，传递的是变量的地址。被调函数可以通过指针形参来间接访问主调函数中的实参变量。这种调用方式称为按地址调用（call by address)。

实际编程时，按值调用和按地址调用，这两种调用模式如何选择呢？

- 如果被调函数仅需"获取"主调函数中变量的值，则一般按值调用即可。
- 如果被调函数还需"更改"主调函数中变量的值，则必须按地址调用。

需要强调的是，C 语言中实参与形参的结合方式只有一种：传值，向形参传递实参表达式的值。按值调用时，实参表达式是变量名，它的值是变量的值；按地址调用时，实参表达式是地址表达式，它的值是变量的地址。

再来分析下面的程序代码：

```c
void swap(int *pa,int *pb)
{
    int *ptemp;
    ptemp = pa;
    pa = pb;
    pb = ptemp;
}
int main()
{
    int a = 11, b = 22;
    swap(&a, &b);
    printf("a = %d, a = %d", a, b);          // a = 22, b = 11
    return 0;
}
```

运行上述程序，并没有交换 a 和 b 的值。原因是，虽然主函数传递了 a 和 b 的地址，但是 swap 函数并没有通过解引用运算来间接访问主函数的变量，仅仅交换了两个形参的指向。其运行过程如图 6-4 所示。

按地址调用，并改变主调函数中的变量值，必须做到以下两点：

（1）主调函数以变量的地址作实参。

（2）被调函数以指针形参接收传递的地址，并通过指针形参解引用访问。

函数只能返回唯一的值，但如果需要获取函数的多个处理值，如何实现呢？虽然采用全局变量可以解决，但是好的编程风格应尽量避免全局变量。我们可以另辟蹊径，通过"按地址调用"的方式来实现。具体方法如下。

（1）在主调函数中定义多个变量，用于存储被调函数的处理值。

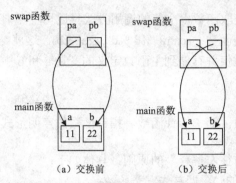

（a）交换前　　　　　　　　（b）交换后

图 6-4　传递地址，但未解引用访问

（2）采用"按地址调用"的方式，将这些变量的地址传递给被调函数。

（3）被调函数将运算值（通过对指针形参进行间接访问）存储在这些变量中。

【例 6-3】演示获取函数的多个运算结果：商和余数。

程序代码如下：

```
int  divmod(int  a, int  b, int  *pd, int  *pm)
{
    if(b != 0)
    {   *pd = a/b;
        *pm = a%b;
         return 1;
    }
    else                    // 除以 0 则返回错误代码 0
        return 0;
}
int main()
{
    int a, b;
    int div, mod;           //用以存储被调函数运算所得的商和余数
    scanf("%d %d", &a, &b);
    if (divmod(a, b, &div, &mod) )
        printf("quotient: %d, remainder: %d\n", div, mod);
    else
        printf("Error: divided by 0");
    return 0;
}
```

运行程序，输入：

```
20  7
```

程序输出：

```
quotient: 2, remainder: 6
```

为提高程序的健壮性，避免发生除 0 错误导致程序中止，divmod 函数返回运行状态，返回 0 表示运行失败，此时 div 和 mod 变量值无意义；否则返回 1 表示成功，此时变量 div 和 mod 存储函数的两个运算值。

其实，我们对这种获取函数多个值的调用方式早已司空见惯。例如，当为两个整型变量输入值时，可以调用函数：scanf("%d %d", &a, &b)。这就是"按地址调用"，scanf 函数获取输入的两个整数值并存储到主函数定义的变量 a 和 b 中。

6.2.2 返回指针的函数

一个返回指针的函数，简称指针函数。指针函数的声明形式如下：

  类型 T *函数名 (参数表)

类型声明遵循"从右往左解释"的原则，具体如下：

- 先解释代表函数的( )，即首先它是函数；
- 函数的类型为"类型 T * (参数表)"，是返回 T* 的函数。

下面定义一个函数 ptrMax，返回两个整数中较大者的指针。

【例 6-4】 定义指针函数，主函数通过调用它，输出变量的较大者。

程序代码如下：

```
int *ptrMax(int a, int b)
{
    int *p;
    if(a > b)  p = &a;
    else  p = &b;
    return p;
}
int main()
{
    int a = 3, b = 4, *pi;
    pi = ptrMax(a, b);
    printf("The larger value is: %d", *pi);
    return 0;
}
```

程序运行结果如下：

```
The larger value is: 4
```

程序解释：

（1）主函数调用 ptrMax 函数，传值 3 和 4 给形参变量 a 和 b，ptrMax 函数返回较大的形参变量的地址（即&b）。

（2）主函数通过返回的指针，间接访问 ptrMax 函数的形参 b，输出其值 4。

  应该注意到，在编译时有一个警告："函数返回了局部变量的地址"。这是因为当函数返回时，它所定义的局部变量（包括形参）将释放内存，此时返回的指针指向的是无效的对象，主函数解引用这个指针将产生潜在的错误。

  虽然多数情形下，例 6-4 的程序能得到正确的输出，但是有极大的隐患。下面换一种调用方式：ptrMax 函数的定义保持不变，主函数两次调用此函数，希望输出 a、b 和 c、d 中的较大值，即输出 4 和 2。程序代码如下：

```
int main()
{
    int *p1,*p2;
    int a = 3,b = 4,c = 1,d = 2;
    p1 = ptrMax(a, b);
    p2 = ptrMax(c, d);
    printf("%d, %d\n",*p1,*p2 );
    return 0;
}
```

请运行程序，看看输出是否出乎意料呢？因此，永远不要返回局部非静态变量的指针，这是一条编程规范。请思考，为什么可以返回静态变量的指针呢？

【例6-5】定义安全的指针函数，主函数通过调用它，输出两个整型变量中的较大者。

程序代码如下：

```
int *ptrMax(int *p, int *q)
{
int *t;
    if(*p > *q)  t = p;
    else  t = q;
    return t;
}
int main()
{
  int a = 3, b = 4,*pi;
  pi = ptrMax(&a,&b);
  printf("The larger value is : %d", *pi);
  return 0;
}
```

调用 ptrMax 函数返回的指针引用的是主函数中的变量 a 或 b。返回到主函数后，它们引用的对象依然是有效的。

只有重视编译的警告信息，规范地、谨慎地使用指针，程序员才能保证软件质量，也能节省调试的精力。

6.3　指针与数组

指针与数组密切相关，本节介绍指针与数组。需要指出的是，多数情况下，与传统操作数组的做法相比，使用指针没有明显的效率优势。因为随着编译器的优化，二者内部实现可能是一致的，仅仅是编码风格的差异。因此，刻意地使用指针来操作数组，只会使程序晦涩难懂。但是通过指针，我们可以深入理解 C 语言的设计思想，揭开代码背后的玄机。

在程序中定义数组，系统会为数组分配一块连续的内存单元，我们称数组内存块的首字节的地址为基地址，即数组首元素的地址。C 语言中，数组名有特殊的涵义，它代表数组的基地址。所以数组名就是数组首元素的指针（常量）。

6.3.1 数组有关的指针运算

1. 指针的算术运算

指向存储对象的指针，当然可以指向数组元素。

定义整型数组 a 和整型指针变量 p，并初始化 p 指向数组 a：

```
int a[10], *p = a;
```

数组名 a 等同于 &a[0]，因此 p 指向数组元素 a[0]。数组元素的地址是连续编码的，通过对数组元素的指针进行算术运算，可以得到其他数组元素的指针。

C 语言支持 3 种指针算术运算：指针加整数、指针减整数、指针相减。若已定义数组 a 和指针变量 p 和 q，那么下面的指针算术运算是有意义的（n 为非负整数）。

（1）p + n。若 p 已指向 a[i]，则 p + n 指向 a[i + n]，即从 p（向高下标方向）前进 n 个元素。

（2）p − n。若 p 已指向 a[i]，则 p − n 指向 a[i − n]，即从 p（向低下标方向）后退 n 个元素。

（3）p − q。若 p 指向 a[i]，q 指向 a[j]，则 p − q 等于 i − j，即数组中两个指针相距的元素数，而并非两指针间的字节数。

容易理解，C 语言也支持相应的复合赋值运算：p += n，p −= n。

以上定义的数组中的指针运算对程序员非常友好，程序员只需关注数组元素的逻辑结构，无须知晓存储细节（如元素存储字节数）。注意，只有当指针指向数组元素，相减的两个指针指向同一数组时，以上定义的运算才有意义，否则将导致未定义的行为。C 语言不支持指针相加，因为指针相加没有任何意义。

2. 指针的关系运算

指针也可以进行关系运算。判等运算（== 和 !=）可用于判断两个指针是否指向同一对象。

其他的关系运算，只有当两个指针指向同一数组时才有意义，比较的结果取决于两个指针在数组中的相对位置。例如 p = &a[2]，q = &a[4]；则 p >= q 的值为 0，p <= q 的值为 1。

指向数组 a 的指针变量 p 和 q，算术和关系运算如图 6-5 所示。

3. 指针的自增和自减运算

当指针变量指向数组元素时，自增和自减运算也是有意义的。与指针加（减）1 的意义类似，指针变量自增（自减）运算能让它指向下一个（上一个）元素。通过对数组元素的指针变量进行自增或自减运算，让指针在数组范围内逐个元素移动可以遍历数组。

这里仅讨论自增运算符，自减运算符的意义和用法与之类似。

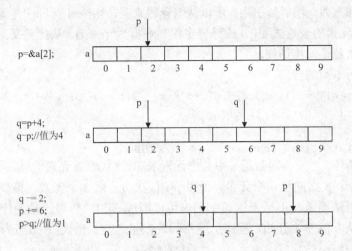

图 6-5 指向数组的指针变量的算术和关系运算

在程序中,通常会将自增和解引用两个单目运算符组合使用,以依次处理数组元素。例如,一个常见的场景:把一个数组元素赋 0,然后前进到下一个元素以继续处理。

```
a[i++] = 0;
```

如果 p 指向 a[i],也可以这样编码:

```
*p++ = 0;
```

单目运算符的优先级相同且遵循从右往左结合,所以上述语句等价于*(p++) = 0,因此 p 所指向的 a[i] 被赋值 0,然后指针 p 自增指向下一个元素 a[i+1]。

假定整型数组 a 的长度为 10,现对这 10 个元素求和,程序代码如下:

```
p = a;
while(p < a+10)
    sum += *p++;
```

数组 a 的最末元素是 a[9],a + 10 是末元素的下一个地址,它作为所有元素处理完成的指针标志。

假定 p 指向数组元素,分析下面的表达式,请注意区分自增运算操作的对象:

```
(*p)++        //先解引用,再自增,是对 p 所指向的对象自增
++*p          //等价于++(*p),对 p 所指向的对象自增
*++p          //等价于*(++p),先对指针变量 p 自增,然后对自增后的指针解引用
```

再来分析下面的程序段的运行情况:

```
int a[] = {0,1,2,3,4,5},m,*p;
p = &a[0];    //即 p=a;令 p 指向 a[0]
m = *p++;     //等价于 m=*p, p++;为 m 赋值 0,然后 p 指向下一个元素 a[1]
m = *++p;     //等价于 ++p, m=*p;让 p 指向下一元素 a[2],然后为 m 赋值*p,即 2
++(*p);       //对 p 引用的元素进行自增,即将 a[2]置为 3,指针 p 依然指向 a[2]
```

6.3.2 访问数组元素的指针运算

当指针 p 指向一个数组的元素,通过指针运算可得到所有元素的指针。p + i 表示"p 前进 i 个元素"的指针,*(p + i)则是对其间接访问。下标运算可以看作两个运算的合成:

首先指针加整数，然后解引用。所以从编译器来看，*(p + i)和 p[i]是等价的。访问数组 a 的 i 下标元素的表达式 a[i]，编译器也将其解析为*(a + i)。从此意义上来说，可以说访问数组元素就是间接访问。

请分析下面的代码：

```
int a[] = {1,2,3,4,5,6},*p = a + 3,sum = 0;
for(i = 0; i < 3; i++)
    sum += a[i] + p[i];
printf("%d ", sum);            //输出 21
```

程序循环 3 次，将对数组 a 中 6 个元素求和。a 代表首元素地址，所以 a[i]依次访问前 3 个元素；p 指向第 4 个元素，所以 p[i]依次访问后 3 个元素。很少有人会注意到一个有趣的语法现象，下标表达式 a[3]也可以写成 3[a]，想想这是为什么呢？另外，数组的下标从 0 而非 1 开始，程序员经常因此产生"差 1 错误"。想想为什么起始下标要是 0 呢？

6.3.3　数组作函数的参数

当数组名作实参时，传递的是数组各元素的值吗？

请观察如下一个简单程序，首先定义一个函数，它将数组 p 的 5 个元素全置为 0：

```
void setZero (int p[])
{
    int i;
    for(i = 0; i < 5; i++)
        b[i] = 0;
}
```

主函数中定义整型数组 a，初始值全为 1；然后以数组名作实参调用 setZero 函数。返回主函数后输出数组 a，发现它们的值全部被修改为 0。程序代码如下：

```
int main()
{
    int a[5] = {1,1,1,1,1},i;
    setZero (a);               //调用函数，将数组 a 中所有元素修改为 0
    for(i = 0;i < 5;i++)
        printf("%d ",a[i]); //输出：0 0 0 0 0
    return 0;
}
```

我们知道，函数不能直接访问其他函数定义的局部对象，为什么函数却能修改主函数中定义的数组呢？这些曾经的疑惑，现在可以通过指针的概念进行解释。

（1）主函数的调用表达式中的实参是数组名，它代表数组首元素的地址。所以数组名作实参是按地址调用，并非传递数组的元素值。

（2）被调函数的形参是指针变量。C 语言允许以数组形式来声明指针形参变量，所以 void setZero (int *a)也可以声明为 void setZero (int a[])。

因此，函数是"按地址调用"：被调函数的指针形参变量 p 指向主函数中数组 a 的首元素，并通过指针运算和解引用运算（即下标运算）修改主函数中数组 a 的元素的值。

定义函数来处理数组时，代码往往不显式地采用指针形式，但指针在其间起到了关键的作用。当然，也可显式采用指针的形式来定义处理数组的函数。例如：

```
void setZero (int *p)
{
    int i;
    for(i = 0;i < 5;i++)
        *(p + i) = 0;
}
```

从编译器的角度看，这两种形式的代码完全等价。当数组名作参数时，采用数组而非指针的形式作为形参，更能清晰地表明函数将接收数组名——处理的是数组。注意，不要滥用这种语法的便利。例如，例 6-2 中的变量交换函数，虽然也可以将它声明为 void swap(int pa[], int pb[])，但是除了让人迷惑外，没有任何益处——毕竟对应的实参并非数组名而是变量的地址。

需要指出的是，函数名作参数是按地址调用；如果数组元素作参数，传递的是元素的值，是按值调用。这两种情形，还是很容易区分的。

数组作函数参数，通常需要两个参数：数组名和数组长度，分别代表数组的基地址和需要处理元素的数量。

通过灵活使用指针，能够以多种形式定义访问数组的函数。下面定义两个函数功能相同，都是返回长度为 n 的数组 a 的元素之和：

```
void total_1(int a[],int n)
{
    int sum = 0;
    int i;
    for(i = 0;i < n;i++)
        sum += *a++;
    return sum;
}
void total_2(int a[],int n)
{   int sum = 0;
    int *p = a;
    while (p < a+n)
        sum += *p++
}
```

这两个函数的形参 a，都是接收数组基地址的指针变量，两个函数的处理方式类似，仅循环控制方式不同。

（1）total_1 函数，将 a 引用的元素置 0 后再指向下一个元素，循环 n 次。

（2）total_2 函数，定义指针变量 p 指向基地址，a+n 是第 n 个元素的下一个地址（处理完毕后的指针位置）。从基地址开始，p 将引用的元素累加后，通过自增前进到下一个元素，当到达 a+n 时结束循环。

【思考】下面的程序是否正确：

```
int main()
{
    int a[5] = {1,1,1,1,1};
```

```
    int i;
    for(i = 0;i < n;i++)
        *a++ = 0;
}
```

编译提示错误"只能对左值自增"。错误原因在于，这里的 a 是数组名，是代表数组首元素地址的常量，不能进行自增运算。

6.3.4 数组指针与二维数组

计算机内存是一维编址的，因此本质上只有一维数组。二维数组，虽然逻辑上是二维，但是存储上依然是一维的。可以定义如下 M 行 N 列的二维数组 a（本小节均以此为例）：

```
const int M = 3;
const int N = 4;
int a[M][N] =
    {
        {11, 12, 13, 14},
        {21, 22, 23, 24},
        {31, 32, 33, 34}
    };
```

逻辑上，将 a 解释成 3 行 4 列的二维矩阵，如图 6-6（a）所示。

但在内存中，a 是一维的，即在内存中连续存储所有元素，如图 6-6（b）所示。M 行 N 列的二维整型数组，占用 M*N 个整型数单元，共计 M*N*4 字节。

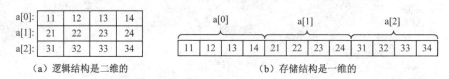

（a）逻辑结构是二维的　　　　　　　　　　　（b）存储结构是一维的

图 6-6　二维数组的逻辑结构和存储结构

C 语言中的二维数组是"按行优先"存储，即先存储第一行的元素，接着存储第二行、第三行的元素。访问二维数组元素可以采用二维和一维两种形式。下面以两种形式求数组 a 的 M*N 个元素之和：

```
// 二维形式求二维数组 a 的元素和，使用行和列两个下标 i,j
for(sum = 0,i = 0; i < M; i++)
    for(j = 0; j < N; j++)
        sum += a[i][j];
// 一维形式求二维数组 a 的元素和，仅使用一个下标 i
int *p = &a[0][0];          //p指向首个整型元素
for(sum = 0,i = 0; i < N*M; i++)
    sum += p[i];
```

上述两种处理形式，体现了看待二维数组的两种方式。通常情况下，程序员既然选取二维数组来建模，通常会用二维的方式来处理它。

如果将二维数组的每行看作一个元素（行元素），二维数组就是由"行元素"构成的一维数组，而每一个"行元素"是固定长度的一维数组。二维数组 a 包含 M（3）个

"行元素"即 a[0]、a[1]和 a[2]，它们均为长度为 N（4）的一维整型数组。如果将"行元素"a[i] (i=0,1,2)看作一维数组名，那么 a[i][j]就是访问 a[i]数组中下标为 j 的元素（j=0,1,2,3），即二维数组 a 的 i 行 j 列元素。

从语法的角度观察表达式 a[i][j]，进行了两次下标运算，将下标运算用等价的指针运算形式表示出来，a[i][j]能写成多种运算形式：(*(a+i))[j]、*(a[i]+j)、*(*(a+i)+j)。列出这些等价的语法形式是为了探究语法内幕，更深刻地理解数组。显然 a[j][j]的形式最简单明了。

对于 M 行 N 列二维整型数组 a，我们来分析数组名 a 的类型。数组名是首元素的地址，所以 a 是首"行元素"的地址，"行元素"是长度为 N 的整型数组。因此，二维数组名 a 是指向"长度为 N 的整型数组"的指针，因此称其为"数组指针"，也常称其为"行指针"。下面是定义行指针变量 p 并初始化指向二维数组 a（的首行）：

```
int (*p)[N] = a;
```

数组指针的声明形式如下：

```
类型 T   (*标识符) [整型常量 M]
```

类型声明遵循"从右往左解释"的原则：因为*带括号，先解释(*)：首先这是一个指针；然后解释指向的类型，指向长 M 的 T 型数组。

注意：类型声明中的括号不能省略，否则就是后面介绍的指针数组了。二维数组 a 中，指向"行元素"的行指针如图 6-7 所示。

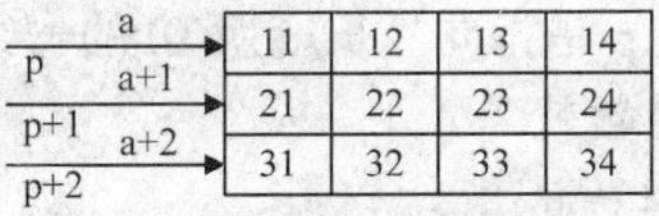

a	11	12	13	14
a+1	21	22	23	24
a+2	31	32	33	34

图 6-7 二维数组 a 中的行指针

行指针引用二维数组的行，a（或指针变量 p）加上 1，则指向下一行。因此，指针 a+i(i=0,1,2) 指向各行。

比较 a+i 与其解引用 a[i]，虽然二者是相同的地址编码（i 行的起始地址），但是前者是行指针，后者是整型元素指针。正如前面所述，访问元素的表达式 a[i][j]进行了两次下标运算，第一次定位到 i 行首元素，第二次则访问 i 行的 j 列的元素。

实际编程时数组指针变量通常作为二维数组的行指针。函数调用时，如果实参是二维数组名，那么对应的形参就是行指针变量。例如，下面定义的 total 函数，返回二维数组 a 的前 3 行元素之和，函数以 total(a, 3)的形式被调用：

```
int total(int (*p)[N], int m)
{
  int i,j;
  int sum;
  for(i = 0;i < m; i++)
   for(j = 0; j < N;j++)
     sum += p[i][j];
  return sum;
}
```

函数的形参变量 p 是行指针，它对应的实参是二维数组名 a。在函数中通过两次下标运算，访问到二维数组 a 的各个整型元素。编译器允许采用数组的形式来声明形参指针变量，因此，函数也可以声明为 int total(int p[][N], int n)。二维数组的内部指针机制晦涩难懂，好在编译器允许隐藏复杂的指针类型和指针操作。利用数组的形式，采用下标运算符访问二维数组的元素，代码更清晰，也更容易理解。

6.4　指针数组与多级指针

6.4.1　指针数组

数组的元素可以是任何类型。元素为指针类型的数组，简称指针数组。指针数组的一般声明形式如下：

　　类型 *数组名［整型常量 N］

注意区分"数组指针"和"指针数组"，下面以 int *a[10]和 int (*p)[10]为例进行区分。

从概念上看，二者很容易区分。

（1）指针数组：首先它是数组，"指针"限定数组的元素是指针。32 位操作系统中，指针占 4 字节，因此数组 a 占 40 个内存字节。

（2）数组指针：首先它是指针，"数组"限定指针所指对象类型，即是指向数组（通常是二维数组的行）的指针。p 是指向"长度为 10 的一维整型数组"的指针，在 32 位操作系统中，指针 p 所占字节数就是 4。

从声明形式上看，二者容易混淆。

类型声明的解析遵循"从右往左"。

（1）int *a[10]：先解析数组声明符[10]，所以它是长为 10 的数组，数组元素为 int *，因此 a 是指针数组。

（2）int (*p)[10]：先解析括号内的指针声明符*，所以它是指针，它指向 int [10]（长为 10 的整型数组），因此 p 是数组指针。

下面程序段中定义指针数组 piArr，它的 3 个元素均为整型指针，通过初始化让它们分别指向整型变量 a、b、c，然后通过对数组的指针元素进行解引用，将它们所指向的 a、b、c 进行了累加：

```
int a = 1,b = 2,c = 3, sum = 0, i;
int *piArr [3] = {&a,&b,&c};
for(i = 0;i < 3;i++)
    sum += *piArr [i]
```

在编程实践中，指针数组中的元素指针指向变量，并无太多实际意义。程序员往往让元素指针指向一维数组（行），从而让指针数组来组织多个一维数组（行）。下面的程序中定义二维数组 m 和指针数组 ptrList，并令指针数组的指针元素 ptrList [i]（i=0,1,2）分别指向二维数组 m 的 i 行的首元素；然后通过指针数组的指针元素 ptrList [i]间接访问二维数组 m 各行的整型元素。

【例6-6】利用指针数组访问二维数组：逐行输出二维数组。

程序代码如下：

```c
int main()
{
    int i,j;
    int m[3][4] =
    {   {11, 12, 13, 14},
        {21, 22, 23, 24},
        {31, 32, 33, 34}
    },*ptrList[3];
    for(i = 0; i < 3; i++)
        ptrList[i] = m[i] ;//令指针元素指向二维数组各行首元素
    for(i = 0; i < 3; i++)
    {   for(j = 0; j < 4; j++)
            printf("%d ", ptrList[i][j]);
        putchar('\n');
    }
    return 0;
}
```

有趣的是，这里的 ptrList[i][j] 与 m[i][j] 是一致的。ptrList [i]（m[i]）是 i 行的首元素的地址；将其视为一维数组名，再对其进行下标运算 piArr[i][j]（m[i][j]），就间接访问到二维数组 m 的 i 行的 j 列元素了。

在编程中，指针数组有什么实际应用呢？

常见的应用场合是，利用指针数组来管理多个一维数组。特别地，程序员经常会使用"字符指针数组"来组织多个字符串。第 7 章将介绍如何利用指针数组管理多个字符串。本章后文的案例，将利用指针数组对动态生成的向量进行排序重组。

6.4.2 多级指针

多级指针常见的是二级指针。指针变量和指针数组的元素都是存储对象。指针对象的地址即二级指针。因此，二级指针是指针的指针。

二级指针变量的一般声明形式如下：

类型 T **指针名

遵循"从右往左"解释的原则：首先解释右边的*，表示这是一个指针；这个指针引用的类型是 T*，因此声明的是"指向 T 型指针的指针"。

定义语句 int n, *p=n, **pp = &p;，依次定义并初始化 3 个变量： 整型变量 n（值为 10），整型指针变量 p(指向 n)，二级指针变量 pp(指向 p)。3 个变量的引用关系如图 6-8 所示。

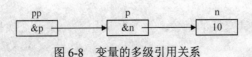

图 6-8 变量的多级引用关系

指针变量 pp 引用 p，p 是引用整型变量 n 的指针变量，因此 pp 是二级指针。pp 解引用访问指针变量 p，p 解引用访问变量 n，所以 pp 两次解引用操作（即**pp）访问的是变量 n。

什么场合下，程序员会用到多级指针呢？

（1）如果调用函数时，实参是"指针数组"名，那么被调函数的形参即多级指针变量。

定义指针数组如下：

```
int  *a[10];
```

数组名 a 代表首元素的地址，而首元素也是指针，因此指针数组名就是二级指针类型。

在例 6-7 中，指针数组 ptrList 指向二维数组 m 各行首元素，主函数调用函数 dispArray 来输出二维数组。主函数以"指针数组"名作实参，被调函数的形参 pptr 是二级指针。

【例 6-7】利用指针数组按行输出二维数组，指针数组作函数参数。

程序代码如下：

```c
void dispArray(int **pptr, int n)
{
    int i,j;
    for(i = 0; i < n; i++)
    {   for(j = 0; j < 4; j++)
            printf("%d ", pptr[i][j]);
        putchar('\n');
    }
}
int main()
{
    int m[3][4] =
    {
        {11, 12, 13, 14},
        {21, 22, 23, 24},
        {31, 32, 33, 34}
    },*ptrList[3] = {m[0], m[1], m[2]};
    dispArray(ptrList,3);
    return 0;
}
```

如前所述，编译器允许用数组的形式来声明指针形参变量，因此 dispArray 函数可以更简明的形式来声明：

```c
void dispArray(int *pptr[], int n)
```

（2）如果希望调用函数来改变指针变量的指向，那么应"按地址调用"，且实参是指针变量的地址。

【例 6-8】 定义指针交换的函数。主函数调用它，实现交换指针变量。

程序代码如下：

```c
void swapPtr(int **pp, int **pq)
```

```
{
    int *temp;
    temp = *pp;
    *pp = *pq;
    *pq = temp;
}
int main()
{
    int x = 1,y = 2,*p = &x,*q = &y;   //p,q 分别指向 x,y
    swapPtr(&p, &q);                    //按地址调用，传递指针变量 p,q 的地址
    printf("%d, %d", *p, *q);           //输出 2,1，表明 p 和 q 已交换指向
    return 0;
}
```

　　交换指针变量 p 和 q，主函数必须"按地址调用"。实参是指针变量的地址，形参即为二级指针。

　　最后来分析例 6-9 程序，通过调用函数来获取数组的最大和最小元素。参照例 6-3 获取函数多个处理值的方式。主函数定义两个指针变量 pmax 和 pmin 以存储数组最大（小）元素的地址，将这两个指针变量的地址传给 locateMaxMin 函数；locateMaxMin 函数通过形参指针变量 p 和 q 间接寻址访问 pmax 和 pmin，将数组最大（小）元素的地址存储其间。表达式*p 间接访问主函数中的 pmax 指针变量，**p 访问 pmax 所引用的整型元素值。

【例 6-9】通过调用函数来获取数组最大和最小元素的指针。
程序代码如下：

```
void locateMaxMin(int a[],int n, int **p,int **q)
{
    int i;
    *p = *q = &a[0];
    for(i = 1;i < n;i++)
    {   if(a[i] >  **p)
            *p = &a[i];
        if(a[i] < **q)
            *q = &a[i];
    }
    return;
}
int main()
{
    int a[] = {23,63,100,22,5,34,23,72},*pmax,*pmin;
    locateMaxMin(a,8, &pmax,&pmin);
    printf("%d, %d", *pmax, *pmin);          // 输出 100,5
    return 0;
}
```

6.5　指向函数的指针

冯·诺依曼体系的计算机遵循"存储程序"的原则，程序与数据都存储在内存中。函数作为命名代码块，也会被分配内存空间。其第一条指令的地址，被称为函数的入口地址。函数的入口地址，也被称为"指向函数的指针"，简称函数指针。所谓调用函数，可理解为将计算机的"指令运行机构"转入函数的入口地址。在 C 语言中，函数名代表函数的入口地址，可以视为函数指针（常量）。

对函数指针进行解引用操作，即调用该函数，解引用函数的一般形式如下：

    (*函数指针)（实参列表）

以调用库函数 double fabs(double)为例。将函数名 fabs 看作函数指针，采用函数指针解引用的调用形式是(*fabs)(-2.34)。常用的函数调用表达式是 fabs(-2.34)。从编译器的角度看，二者完全等价。解引用的形式揭示了函数调用的本质，但函数调用的一般形式更简洁、直观。

既然函数有入口地址，那么就可以定义存储函数入口地址的变量，即指向函数的指针变量。函数指针的一般声明形式如下：

    类型 T　(*指针名)（参数表）

类型声明遵循"从右往左解释"的原则：先解析 (*) 即首先它是指针，右边的括号代表函数，所以它是指向函数的指针，且引用的函数原型是"类型 T （参数表）"。

注意：如果省略指针说明符外的括号，那么就是声明"返回指针的函数"了。二者形式比较类似，注意区分。

通过对"函数指针"赋值或初始化函数名，就使它指向了一个函数，可以指向标准库函数或自定义的函数。当函数指针指向一个函数时，就可以通过函数指针的解引用操作调用该函数。通过"函数指针"调用函数，与使用函数名一样，可采用两种等价的调用形式。例如，当函数指针 ptrFun1 指向一个函数时，此时 ptrFun1(9.0)或(*ptrFun1)(9.0)均可以调用它所引用的函数。

【例 6-10】演示通过指针变量调用函数。

程序代码如下：

```
# include <stdio.h>
# include <math.h>
double add(double x, double y)  { return x + y ; }
double max(double a, double b)  { return a >= b?a:b; }
int main()
{
    double a,b,c,d;
    double (*ptrFun1)(double) = fabs;        //定义指向 fabs 的函数指针变量
    double (*ptrFun2)(double,double) = add; //定义指向 add 的函数指针变量
    a = ptrFun1(9.0);
    ptrFun1 = sqrt;
    b = ptrFun1(9.0);
```

```
    c = ptrFun2(5.5,7.0);
    ptrFun2 = max;
    d = ptrFun2(5.5,7.0);
    printf("%.2f, %.2f, %.2f %.2f", a,b,c,d); //输出 9.00, 3.00, 12.50 7.00
    return 0;
}
```

　　函数指针变量 ptrFun1 的类型是 double (*)(double)，它先后指向 fabs 和 sqrt 函数，并以 ptfFun1(9.0)的形式调用这两个函数；函数指针变量 ptrFun2 的类型是 double (*)(double, double)，它先后指向 add 和 max 函数，并以 ptrFun2(5.5, 7.0）的形式调用这两个函数。

　　需要强调的是，函数指针只能引用特定原型的函数。例如，ptrFun1 不应指向 add 或 max 函数，ptrFun2 不应指向 fabs 或 sqrt 函数。赋值表达式 ptrFun2 = fabs 将引发编译警告，提示"不兼容的指针赋值"；此时，调用表达式 ptrFun2(3.4)将引发编译错误，提示缺少一个参数。显然，编译器需要通过"函数指针"的类型对函数调用进行语法检查，以确保正确调用。

6.6　动态内存分配

　　ANSI C 不支持动态数组的定义，即只能在运行前预先分配数组，不能在运行时确定数组大小；数组的内存只能由系统自动回收，不能主动回收。显然这种静态内存分配的方式缺乏灵活性，可能造成内存的浪费。

　　所谓动态内存分配，是指在程序运行的过程中分配或回收存储空间的分配内存的方法。

　　指针是进行动态内存分配的基础，本节介绍与内存动态管理有关的两个重要的函数，并分析动态内存管理的重要原则。第 8 章学习利用动态分配来构造动态数据结构——链表。

　　C 语言标准函数库中有两个函数 malloc 和 free，分别用于动态内存分配和释放。它们维护一个内存池。当一个程序在运行时需要分配内存时，通过调用 malloc 函数从内存池中提取一块指定大小的内存，并返回指向这块内存的指针。当被分配的内存不再使用的时候，程序员可以调用 free 函数把它归还给内存池。

1. malloc 函数

malloc 函数原型如下：
```
    void * malloc(size_t size)
```
　　函数将动态分配 size 字节的内存块，类型 size_t 可理解为足以保证内存对象大小的无符号整型。若分配失败则返回 NULL；若分配成功则返回内存块的起始（基）地址，程序员通过返回的指针来访问内存块。因为程序员在内存块里可能存储数据的类型是任意的，所以无法确定返回指针的基类型。malloc 函数返回类型是 void *，表示指针的基类型不确定。虽然不能对 void *指针解引用，但是它可以赋给任意类型的指针。下面的程序段将动态分配 10 个连续整型单元的内存块，并将这 10 个整型元素均置 0：

```
int *pi;
pi = malloc(sizeof(int)*10);
if(pi != NULL)
  for(i = 0;i < 10;i++)
      pi[i] = 1;
```

表达式 sizeof(int)*10 的值是 10 个整型单元所占字节数。如果内存成功分配，10 个整型对象空间的基地址赋给整型指针变量 pi，并通过 pi 间接寻址访问各整型单元。下标表达式 pi[i]中，指针变量 pi 似乎是数组名。毕竟，pi 和数组名都是连续存储单元的基地址。

void *类型指针被看作通用的、万能的指针。虽然它可以直接赋给任意类型的指针变量，但是多数程序员习惯通过强制类型转换，清晰地对指针类型进行指派（C++语言中必须强制转换）：

```
pi =（int *) malloc(sizeof(int) * 10);
```

2. free 函数

与静态分配的内存由系统自动释放不同，动态分配的内存不会自动释放，必须由程序员调用 free 函数进行释放。释放后的内存资源，系统可以重新分配。

free 函数原型如下：

```
void  free(void *ptr)
```

函数将释放 ptr 指向的内存块，且只能释放动态分配的内存块。如果 ptr 是零指针，则 free 函数不进行任何操作。如果内存块已经被释放过，再次释放会有潜在的风险。

为规范、安全地进行动态分配内存，请注意下面 3 点编程建议。

（1）及时释放无用的内存块，以防"内存泄漏"。

内存泄漏常见的场景：在函数中动态分配内存但未释放；当程序多次调用此函数时，每次调用时都将重新分配内块（之前的内存块并未回收），这将严重耗费内存资源，甚至引起系统崩溃。

（2）在同一个函数内申请和释放内存。如果在一个函数中申请的内存，留给其他函数去释放，不仅程序的可读性差，而且会留下潜在的安全隐患。

（3）内存块释放后，应立即将其指针置为零，避免重复释放的错误。

6.7 应 用 案 例

【案例】编程进行数据处理时，经常要处理大量的向量。例如，一个向量（56,76,88,43）可能是一组采样数据，也可能是一个学生的成绩表。程序员常常无法预估程序所处理向量的长度和数量，因此需要在程序运行时动态分配内存来存储向量数据。

对向量进行排序是基本操作，数据排序后也会展现新的观察角度。程序可能要按多种方式进行排序，如以向量的元素和、峰值、过滤非法数据后的元素和，进行递增或递减排序。如果数据处理量大，则必须保证排序操作的时间和空间效率。

　　程序运行时，首先输入向量的长度和数量，然后依次输入各向量元素的整数值。将向量组按指定的方式进行排序，程序输出两种排序的结果：按向量元素之和递增、按向量的最大值递减。

　　程序运行结果如下：

```
输入向量数量和长度：4  5↙
输入各向量：
12 15 25 15 18↙
23 12 27 28 50↙
19 11 33 75 25↙
1  15 48 7  3↙
按向量的和递减：
 19  11  33  75  25
 23  12  27  28  50
 12  15  25  15  18
 1  15  48   7   3
按向量的峰值递增：
 12  15  25  15  18
 1  15  48   7  3
 23  12  27  28  50
 19  11  33  75  25
```

　　【分析】考虑存储效率，程序将根据用户请求，动态分配向量组的存储空间。程序要求按多种方式对向量组排序，为保证效率而采用"索引"的思想，一个索引表对应一种排序。好比一本词典，词项本身排列不变，建立两个索引表——笔画索引表和拼音索引表，就可以按这两个索引表的顺序来查阅词项。这种索引思想在程序设计中很常见。以指针作为向量的索引，那么指针数组就可以作为向量的索引表。索引向量有以下两个优势。

　　（1）对向量排序的基本操作是向量交换，利用索引排序就可以用索引（指针）的交换来代替向量交换，从而提高运行效率。

　　（2）如果直接对向量组排序，每一种排序方式对应一个向量表。如果保存多种排序，则必需建立多个向量表的副本。这种物理排序不仅效率低，而且数据的冗余可能引起数据不一致。采用指针数组（索引表）索引向量时，对指针数组的排序取代了对向量表的排序。一个指针数组对应一种向量表的逻辑排序，向量表本身无须生成副本。如图 6-9 所示，指针数组 idx_1 索引向量表，表示的是按向量和递增的顺序；指针数组 idx_1 索引向量表，表示的是按向量的峰值递减的顺序。

图 6-9　向量表两种顺序的索引

向量组和对其索引的指针数组都是动态分配内存，下面的代码建立动态数据结构：

```
int vecLen, num;                                    //向量长度和数量
scanf("%d %d", &num, &vecLen);                      //输入向量数和长度
int **idx = (int **)malloc(num*sizeof(int*));       //动态生成指针数组 idx
// 动态分配各向量内存，指针数组 idx 索引向量组
for(i = 0; i < num; i++)
    idx[i] = (int *)malloc(vecLen*sizeof(int));
```

指针数组 idx 索引向量组后，通过两次下标操作，用访问二维数组的形式来访问向量元素。下面的代码可以依次输出向量元素值：

```
for(i = 0; i < num; i++)
{
    for(j = 0; j < vecLen; j++)
        printf("%4d", idx[i][j] );
    putchar('\n');
}
```

排序算法独立于序关系。进行不同方式的冒泡排序，区别仅在于对两个相邻向量进行比较的操作不同。因此在设计排序函数时，应利用"函数指针"向排序函数传递向量的"比较操作"函数。这样排序函数就更抽象，可以用任何指定的比较操作来进行排序。下面是排序函数的声明，函数指针 cmp 是对两个整型向量比较：

```
void sort(int *idx[], int n, int (*cmp)(int[],int[]) )
```

案例程序代码如下：

```
#include <stdio.h>
#include <stdlib.h>
void InputVecs(int *idx[],int n);        //输入指针数组 idx 索引的向量
void PrintVecs(int *idx[],int n);        //输出指针数组 idx 索引的向量
void SortVecs(int *idx[],int n,
            int (*cmp)(int[],int[]));    //冒泡排序，两个向量用 cmp 函数比较
int  Gt_peak(int vec1[],int vec2[]);     //比较操作，峰值元素大于比较
int  Lt_total(int vec1[],int vec2[]);    //比较操作，元素和小于比较
void Swaptr(int **p, int **q);           //交换指针变量
int vecLen;                              //向量长度
int main()
{
    int num,i;                           //num 向量数量
    int **idx;                           //指针数组的基地址
    printf("输入向量数量和长度：: ");
    scanf("%d %d", &num, &vecLen);        //输入向量数，向量的长度
    idx = (int **)malloc(num*sizeof(int*));//动态分配长 num 的指针数组
    for(i = 0; i < num; i++)
        idx[i] = (int *)malloc(vecLen*sizeof(int));//动态分配向量并索引
    printf("输入各向量：\n");
    InputVecs(idx, num);
    printf("按向量和递减:\n");
    SortVecs(idx, num, Lt_total);
    PrintVecs(idx, num);
    printf("按向量峰值递增:\n");
    SortVecs(idx, num,Gt_peak );
```

```
        PrintVecs(idx, num);
        return 0;
}
void InputVecs(int *idx[], int n)
{
        int i,j;
        for(i = 0; i < n; i++)
            for(j = 0; j < vecLen; j++)
                scanf("%d",&idx[i][j]);
}
void PrintVecs(int *idx[], int n)
{
        int i,j;
        for(i = 0; i < n; i++)
        {
            for(j = 0; j < vecLen; j++)
                printf("%4d", idx[i][j]);
            putchar('\n');
        }
        printf("-----------\n");
}
int Lt_total(int vec1[], int vec2[] )
{
        int i;
        int sum1 = 0,sum2 = 0;
        for(i = 0; i < vecLen; i++)
        {
            sum1 += vec1[i];
            sum2 += vec2[i];
        }
        return sum1 < sum2;
}
int Gt_peak(int vec1[], int vec2[])
{
        int i;
        int max1 = vec1[0],max2 = vec2[0];
        for(i = 1; i < vecLen; i++)
        {
            if(vec1[i]> max1)
                max1 = vec1[i];
            if(vec2[i] > max2)
                max2 = vec2[i];
        }
        return max1 > max2;
}
void Swaptr(int **p, int **q)
{
        int *t = *p;
        *p = *q;
```

```
        *q = t;
    }
    void SortVecs(int *idx[],int n, int (*cmp)(int[],int[]))
    {
        int i,j;
        for(i = 1; i < n; i++)
            for(j = 0; j < n-i; j++)
                if(cmp(idx[j],idx[j+1]) )
                    Swaptr(&idx[j],&idx[j+1]);
    }
```

本程序仅在主函数内调用了 malloc 函数，且在程序运行期间需要始终保持动态数据结构。当主函数返回（程序结束）时，动态数据结构会被系统自动释放。所以无须调用 free 函数回收内存。

本案例是模拟较大规模数据处理的场景。当程序处理的数据量较大，对效率要求较高时，程序员应该考虑存储效率和运行效率。案例程序比较复杂，它是指针的综合应用，涉及本章所介绍的几乎所有的概念，特别是一些较为高阶的指针概念，如按地址调用、函数指针、指针数组、多级指针、内存动态分配等，需要读者细心体会、勤加练习。只有透彻地理解指针机制，才能利用指针编写高质量的程序。

本 章 小 结

C 语言是为编写操作系统 UNIX 而设计的，因此 C 语言必须高效地访问内存、访问底层硬件接口，实现这些强大功能的机制便是指针。指针是 C 语言的核心，C 语言的灵活性和高效性，很大程度上得益于指针。指针增强了 C 语言函数的功能，利用指针，用户能定义更加强大和抽象的函数；指针揭示了内存分配和访问机制，通过学习指针可以掀开语法的表象，探究数组的访问机制；借助指针，用户能够动态管理内存，定义复杂有趣的数据结构。指针虽然精彩但又是危险的，规范地编码能杜绝大部分的非法指针访问。

本 章 习 题

一、单选题

1. 定义语句 int *point,a = 4; point = &a;，下列选项中，均代表地址的是（　　）。

   A. a　point, *&a　　　　　　　　　B. &*a, &a *point

   C. *&point, *point &a　　　　　　　D. &a, &*point point

2. 以下程序段的运行结果是（　　）。

```
int m = 1,n = 2,*p = &m,*q = &n,*r;
  r = p;p = q;q = r;
printf("%d,%d,%d,%d\n",m,n,*p,*q);
```

   A. 1,2,1,2　　　　　B. 1,2,2,1　　　　　C. 2,1,2,1　　　　　D. 2,1,1,2

3. 以下程序段的运行结果是（　　）。

```
int a,k = 4,m = 4,*p1 = &k,*p2 = &m;
a = p1 == &m;
printf("%d\n",a);
```

A. 4   B. 1   C. 0   D. 语法错误

4. 以下程序段的运行结果是（　　）。

```
int a[] = {1,2,3,4,5,6,7,8,9},*p = a + 1,*q = p + 2;
printf("%d", p[3]*p[2]);
```

A. 12   B. 20   C. 24   D. 30

5. 定义 int a[10] = {15,12,7,31,47,20,16,28,13,19}, *p;，则下列语句中，语法正确且不是死循环的是（　　）。

A. for(p = a; a < p + 10; a++);   B. for(p = a; p < a + 10; p+= 1);

C. for(p = a; p < a; p+1);   D. for(p = a; a < p + 10; ++a);

6. 以下程序段的运行结果是（　　）。

```
int a[][3] = {1,2,3,4,5,6,7,8,9,10},(*p)[3] = a + 1;
printf("%d", p[1][2]);
```

A. 6   B. 7   C. 9   D. 10

7. 若有函数 max(a,b)，并且已使函数指针变量 p 指向函数 max，当调用该函数时，正确的调用表达式是（　　）。

A. (*p)max(a,b)   B. *pmax(a,b)   C. (*p)(a,b)   D. *p(a,b)

8. 对于语句 int *pa[5];，下列描述中，正确的是（　　）。

A. pa 是一个指向数组的指针，所指向的数组是 5 个 int 型元素

B. pa 是一个指向某数组中第 5 个元素的指针，该元素是 int 型变量

C. pa [5]表示数组的第 5 个元素

D. pa 是一个具有 5 个元素的指针数组，每个元素是一个 int 型指针

9. 以下程序段的运行结果是（　　）。

```
int a[][3] = {1,2,3,4,5,6,7,8,9,10},*p[]={a[0],a[2],a[3]};
printf("%d",p[1][2]*p[2][0]);
```

A. 12   B. 35   C. 42   D. 90

10. 以下程序段的运行结果是（　　）。

```
int fun(int *p,int **q)
{  *p; (*q)++;  }
int main()
{
  int a[] = {1,2,3,4},*p = a,*q = a + 1;
    fun(p,&q);
    printf("%d %d" ,*p, *q);
    return 0;
}
```

A. 1 2   B. 2 3   C. 1 3   D. 语法错误

二、编程题

1. 函数一个函数，实现交换两个等长数组的功能，并写出主函数调用它，以测试其功能。

2. 读入 10 个整数，输出这 10 个数中的最大值和最小值。要求在主函数中输入数据，调用 max_min 函数后在主函数中输出结果。

3. 拆分实数的整数和小数部分。要求定义函数 splitFloat(double x, int *intPart, int *fracPart)，其中 intPart 和 fracPart 分别指向实数的整数和小数部分。要求编写主函数，通过调用 splitFloat 函数后输出结果。

4. 从键盘上输入 10 个整数，并存放到一维数组中，调用函数实现将 10 个整数逆序排列，函数中对数据的处理要用指针方法实现。

5. 输入 10 个 2 位的整数，定义一个排序函数 sort，通过 4 次调用 sort，将 10 个整数按值递减排序，按个位数的值递增排序，按十位数递增排序，按绝对值递增排序。

6. 利用矩形法求定积分的通用函数，分别求以下定积分的值。

$$\int_0^1 \sin x dx, \quad \int_1^2 \cos x dx, \quad \int_1^2 e^x, \quad \int_1^1 3x^2 - 1$$

7. 利用动态内存分配实现一个锯齿数组。锯齿数组是二维向量，各行长度不一定相等。程序首先输入行数，然后分行输入每行的长度和元素值；输出各行的和。

例如，下面共输入 3 行，其长度分别为 2，4，10。

输入：

3

2 1 3

4 1 2 3 4

1 6

输出：

4 10 6

第7章 字 符 串

除了能够进行数值计算外，计算机还能够对非数值信息进行处理，如字符和字符串。由于字符是按其代码（整数）形式存储的，因此 C99 把字符型数据看作一种特殊的整数类型，字符也可以看作数值数据。C 语言中没有字符串类型，字符串存放在字符数组中，是由零个或多个字符组成的序列。在程序中，类似姓名、地址等信息，一般都是作为字符串处理，各种计算机语言也都提供了库函数实现基本的字符串操作。由于字符数据的应用较广泛，尤其是作为字符串形式使用，且有其自己的特点，因此，本章专门加以讨论，希望读者熟练掌握其使用。

7.1 字 符 类 型

7.1.1 字符类型的定义

在计算机中，所有的数据在存储和运算时都要使用二进制数表示，字母、数字、标点等符号也不例外。为了能互相通信，必须使用相同的编码规则，美国国家标准学会推出了美国信息交换标准代码（American Standard Code for Information Interchange，ASCII），统一规定了常用符号用哪些二进制数来表示。后来它被 ISO 定为国际标准。

ASCII 是一种标准的单字节字符编码方案，用于基于文本的数据，使用指定的 7 位或 8 位二进制数组合来表示 128 或 256 种可能的字符。ASCII 使用 7 位二进制数（最高位二进制为 0）来表示所有的大写和小写字母、数字 0～9、标点符号，以及在美式英语中使用的特殊控制字符（见附录）。最高二进制位为 1 的后 128 个编码称为扩展 ASCII。

注意：'1'和整数 1 是不同的概念，'1'在内存中以 ASCII 形式存储，占 1 字节，二进制形式是 0011 0001B，ASCII 码值为 49；无符号数值 1 用一个字节表示为 0000 0001B。

字符常量是用英文单引号括起来的一个字符。例如，'Y'、'y'，单引号内的大小写字符代表不同的字符常量。单引号内如果是一个空格符，也是一个字符常量。字符常量的值，就是它在 ASCII 编码表中的值，是一个 0～127 的整数，因此字符常量也可以作为整型数据来进行运算。例如，表达式 "'Y'+32" 的值为 121，也就是'y'的值（注意，这也是实现大小写转换的方法）。

除了常见字符外，对于一些在屏幕上不能显示的字符，C 语言提供了转义字符表达形式。转义字符以反斜线'\'开头，其含义是将后面的字符转换成另外的含义。例如，'\n'代表换行符。转义字符虽然包含两个或多个符号，但是它只代表一个字符。编译系统在遇到字符'\'时，会接着找它后面的字符，把它处理成一个字符，在内存中只占用 1 字节。

C语言中转义字符的含义如表7-1所示。

表7-1　C语言中转义字符的含义

转义字符	含义	ASCII码值（十进制）
\a	响铃(BELL)	007
\b	退格(BS)，将当前位置移到前一列	008
\f	换页(FF)，将当前位置移到下页开头	012
\n	换行(LF)，将当前位置移到下一行开头	010
\r	回车(CR)，将当前位置移到本行开头	013
\t	水平制表(HT)，跳到下一个TAB位置	009
\v	垂直制表(VT)	011
\\	代表一个反斜线字符	092
\'	代表一个单引号（撇号）字符	039
\"	代表一个双引号字符	034
\?	代表一个问号	063
\0	空字符(NULL)	000
\ddd	1～3位八进制数所代表的任意字符	三位八进制
\xhh	十六进制所代表的任意字符	十六进制

注意：

（1）要注意区分斜杠'/'与反斜杠'\'，此处不可互换。

（2）\xhh十六进制转义不限制字符个数，'\x000000000000F'相当于'\xF'。例如：'\x2f','\013'；

其中，\x表示后面的字符是十六进制数，\0表示后面的字符是八进制数。例如，十进制的17用十六进制表示就是'\x11'，用八进制表示就是'\021'。

字符变量是用类型符char定义的变量。char类型变量通常用于存储单个字符，实际存储该字符所对应的ASCII码值，是一个整数。char类型的数据占1字节。

定义字符型变量的一般形式如下：

```
char 标识符1, 标识符2, … , 标识符n;
```

例如：

```
char ch1, ch2, ch3, ch4;
```

上述语句表示定义了ch1、ch2、ch3和ch4共4个字符型变量，各存储一个字符型数据。可以用下面的语句对ch1和ch2赋值：

```
ch1 = 'a'; ch2 = 'b'; ch3 = 'c'; ch4 = 'd';
```

或

```
ch1 = 'a'; ch2 = ch1 + 1 ;
```

也可以将一个数值直接赋给char变量：

```
ch1 = 10; ch2 = 20; ch3 = ch1 + ch2;
```

7.1.2　字符的输入输出

可以使用前面所学的scanf函数和printf函数输入和输出字符。例如：

```
scanf("%c%c", &ch1,&ch2);
printf("%c %c\n", ch1,ch2);
```

这两个函数可以一次处理单个字符或多个字符。对于单个字符的输入输出，还可以使用库函数 getchar 和 putchar 实现。

【例 7-1】使用库函数 getchar 和 putchar 输入一个小写字母，输出其对应的大写字母。

程序代码如下：

```
#include <stdio.h>
int main(void)
{
    char ch;
    ch = getchar();
    putchar(ch-32);
    putchar('\n');
    return 0;
}
```

程序运行结果如下：

```
输入：a
输出：A
```

---

1. putchar 函数

putchar 函数原型如下：

```
int putchar (int char1)
```

其功能是把参数 char1 所对应的字符（一个无符号整数）写入标准输出，该函数包含在 C 标准库 <stdio.h> 中。当输出正确时，函数以无符号 char 强制转换为 unsigned int 的形式返回写入的字符，当输出不正确时，返回文件结束符（end of file，EOF）。因此，判断函数是否成功可以用判断语句 if(putchar(c)==EOF) 实现。

【例 7-2】输出如下所示的三角形。

```
   *
  ***
 *****
*******
```

【分析】采用双重 for 循环输出字符，每行包括 3-i 个空格，2i+1 个*和一个回车符。

程序代码如下：

```
#include "stdio.h"
int main()
{
    int i,j;
    for (i = 0; i < 4; i++)                      //共输出4行
    {
        for (j = 1; j <= 3 - i; j++) putchar(' '); //第 i 行的 3-i 个空格
```

```
        for (j = 1; j <= 2 * i + 1; j++) putchar('*');//第 i 行的 2*i+1 个*
        putchar('\n');                           //第 i 行的一个回车符
    }
return 0;
}
```

2. getchar 函数

getchar 函数原型如下：

```
int getchar (void);
```

其一般调用形式如下：

```
ch = getchar();
```

它的功能是从标准输入流中读取一个字符。当程序调用 getchar 函数时，程序等待用户输入字符，用户输入的字符被存放在键盘缓冲区中，直到用户输入回车符为止（回车符也放在缓冲区中）。只有用户输入回车符之后，getchar 函数才开始从标准输入流中每次读取一个字符。若用户在输入回车符之前输入了不止一个字符，其他字符会保留在键盘缓冲区中，等待后续 getchar 函数调用读取，后续的 getchar 函数调用不会等待用户输入字符，而是直接读取缓冲区中的字符，直到读完，再次等待用户输入字符。

该函数以无符号 char 强制转换为 int 的形式返回读取的字符的 ASCII 码值，如果到达文件结尾或发生读错误，则返回 EOF。

7.1.3　char 类型的数值数据

字符类型也属于整型，可以用 signed 和 unsigned 修饰符表示符号属性。例如：

```
signed  char ch1 = -100;
unsigned char ch2 = 100;
```

如果在定义变量时不指明，C 语言并未规定是按 signed char 还是按 unsigned char 处理，由各编译系统自行决定。字符型数据的存储空间和取值如表 7-2 所示。

表 7-2　字符型数据的存储空间和取值

类型	字节数	取值
signed char(有符号)	1	−128～127
unsigned char(无符号)	1	0～255

可以用以下方法输出 char 类型数值：

```
char c = -100;
printf("%d\n", c);        //按十进制形式输出 c 的值
```

7.1.4　程序设计实例：循环字符处理

【例 7-3】循环输入 10 个字符，输出英文字母循环后移一个位置的字符。

【分析】本例中要求循环输入输出，采用 for 循环或 while 循环均可；题目仅对英

文字母进行循环后移一个位置，因此要判断字符是英文大写字母或小写字母。其判断条件可以使用以下表达式：

```
(ch >= 'A' && ch <= 'Z')||(ch >= 'a' && ch <= 'z')
```

循环后移一个位置可以使用以下语句：

```
ch = ch + 1;
```

但是，这种算法对字符超越'Z'或'z'则要特殊处理，即回到'A'或'a'重新开始，此时不是加 1。这里用 if 语句来进行判断。

另一种算法是给起始字符加一个偏移量，如大写字母：ch = 'A' + (ch - 'A' + 1) % 26;，小写字母与之类似。

程序代码如下：

```
#include "stdio.h"
int main()
{
    char ch;
    int i = 10;
    while(i--)
    {
        ch = getchar();

        //方法1
        if((ch >= 'A' && ch <= 'Z')||(ch >= 'a' && ch <= 'z'))
                if (ch == 'z')
                        ch = 'a';
                else if (ch == 'Z')
                        ch = 'A';
                    else ch++;

        //方法2
        if(ch >= 'A' && ch <= 'Z')
        ch = 'A'+(ch-'A'+1)%26;
        if(ch >= 'a' && ch <= 'z')
        ch = 'a'+(ch-'a'+1)%26;

        putchar(ch);
    }
    return 0;
}
```

程序运行结果如下：

```
输入：12ahz&*AHZ
输出：12bia&*BIA
```

7.2 字　符　串

7.2.1　字符串字面量

字符串字面量是指使用双引号""""括起来的的字符序列，如"Hello World"。字符串字面量也称为字符串常量，是不需要创建过程就可以使用的对象，因此它不需要像变量那样声明或定义。在 C 语言中，字符串字面量被视为 const，不能被直接更改，属于静态存储类型，在程序运行期间会一直存在。

C 语言把字符串当作字符数组来存储，其特殊之处在于在字符串结尾设置一个表示字符串结束的字符'\0'。即长度为 n 的字符串，程序分配 n+1 个字节来保存，如"Hello World"实际占用 12 字节，如图 7-1 所示。

H	e	l	l	o		W	o	r	l	d	\0

图 7-1　字符串存储示意图

注意区分字符常量和字符串常量。例如，'a'和"a"，第一个是字符常量，占 1 字节，第二个是字符串常量，与结束符一起占 2 字节。

如果在函数中使用字符串常量，该字符串只会被存储一次，在整个程序的生命期内一直存在，即使函数被调用多次。

用双引号括起来的内容被视为指向该字符串存储位置的指针。处于右值语义环境中的字符串字面量将被默认转换为指向第一个字符的指针。例如：

```
char*  p = "hello";          //hello在转换为字符指针后用于初始化指针变量p
char  ch = "hello" [0];      //hello 转换为指针后参与下标运算,取第一个字符
```

7.2.2　字符数组

1. 字符数组的定义与初始化

字符数组是存放字符数据的数组，一个元素存放一个字符。定义字符数组的方法与定义数值数组的方法类似。例如：

```
char c[5];
c[0] = 'h', c[1] = 'e', c[2] = 'l', c[3] = 'l', c4 = 'o';
```

以上语句定义 c 为 5 个元素的字符数组，赋值以后数组的状态如图 7-2 所示。

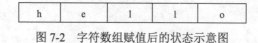

h	e	l	l	o

图 7-2　字符数组赋值后的状态示意图

字符数组初始化可以用"初始化列表"方式，把各个字符依次赋给数组中对应各元素。例如：

```
char c[5] = { 'h', 'e', 'l', 'l', 'o'};
```

上述语句将 5 个字符依次赋给 c[0]～c[4]这 5 个元素。

如果在定义字符数组时不进行初始化，则数组中各元素的值是不确定的。如果花括号中提供的初值个数（即字符个数）大于数组长度，则出现语法错误。如果初值个数小于数组长度，则只将这些字符赋给数组中前面那些元素，其余的元素自动定为空字符（即'\0'）。例如：

```
char c[10] = {'h', 'e', 'l', 'l', 'o'};
```

该字符数组的状态如图 7-3 所示。

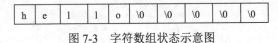

| h | e | l | l | o | \0 | \0 | \0 | \0 | \0 |

图 7-3　字符数组状态示意图

如果提供的初值个数与预定的数组长度相同，在定义时可以省略数组长度，系统会自动根据初值个数确定数组长度。例如：

```
char c[] = {'h', 'e', 'l', 'l', 'o'};
```

数组 c 的长度自动定义为 5，这种方式不必计算字符的个数。

二维字符数组的定义方式如下：

```
char c[2][5];
```

或者在定义的时候初始化：

```
char c[2][5] = {{' ',' ',' ','*'},{' ',' ','*','*','*'}};
```

2. 字符数组元素的引用

对字符数组的引用和数值数组的引用方式相同，例 7-4 的思路是，先定义一个字符数组，并用"初始化列表"对其赋初值，然后用循环逐个输出此字符数组中的字符。

【例 7-4】输出一个已知的字符数组。

程序代码如下：

```
#include "stdio.h"
int main()
{
    char c[5] = {'h', 'e', 'l', 'l', 'o'};
    int i;
    for(i = 0; i <= 4;i++)
        putchar(c[i]);
    putchar('\n');
return 0;
}
```

也可以定义和初始化一个二维字符数组。例如，采用二维字符数组输出例 7-2 所示的三角形。代码如下：

```
#include "stdio.h"
int main()
{
    char Triangle[4][7] = {{' ',' ',' ','*'},{' ',' ','*','*','*'},{' ','*',
            '*', '*','*','*'},{'*','*','*','*','*','*','*'}};

    int i,j;
    for(i = 0; i < 4;i++)
```

```
        {
            for(j = 0; j < 7; j++)
                if(Triangle[i][j] != '\0')
                    putchar(Triangle[i][j]);
            putchar('\n');
        }
        return 0;
    }
```

7.2.3 字符串和字符数组

在 C 语言中，字符串也是作为字符数组来处理的，字符串中的字符是逐个存放到数组元素中的，以'\0'作为结束标志。换言之，如果字符数组中存有若干其他字符和一个'\0'，则认为数组中有一个字符串，'\0'前面的为有效字符。也就是说，在遇到'\0'时，表示字符串结束，它与它前面的字符组成一个字符串。实际程序中，程序员更关注字符串的有效长度而不是字符数组的长度。例如：

```
char str[10]= "hello";
```

上述语句用字符串常量来初始化字符串，该串共有 5 个字符，外加一个'\0'，存储在数组的第 6 个元素 str[5]中，如图 7-4 所示。

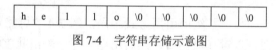

图 7-4　字符串存储示意图

有了结束标志'\0'后，在程序中往往依靠检测'\0'的位置来判断字符串是否结束，而不是根据数组的长度，一个字符数组也可以先后存放多个不同长度的字符串。因此，在定义字符数组时应保证数组长度始终大于字符串实际长度。

如果用字符串常量来初始化字符数组时不指定字符数组长度，系统会加上结尾字符。即如下 3 种初始化方式是等价的：

```
char c[] = {"hello"};
char c[] = "hello";
char c[] = {'h', 'e', 'l', 'l', 'o', '\0'};
```

1. 用 printf 函数输出字符串

printf 函数可以一次输出整个字符串，用"%s"格式符表示对字符串进行输出。例如：

```
char c[] = "hello";
printf("%s\n", c);
```

在内存中，数组 c 的存储状态如图 7-5 所示。

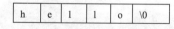

图 7-5　字符串（数组 c）的存储状态

输出时，遇字符串结束标志'\0'就停止输出，如果数组长度大于字符串的实际长度，也只输出到遇'\0'结束。输出结果如下：

```
hello
```

说明：

（1）输出的字符中不包括'\0'，如果一个字符数组中包含一个以上'\0'，则遇第一个'\0'时输出就结束。

（2）用"%s"格式符输出字符串时，printf 函数中的输出项参数是字符数组名，实际上是一个地址，而不是数组元素。下面的用法是错误的：

```
printf("%s", c[0]);
```

（3）实际上，printf 函数是根据字符数组名 c 找到其数组起始地址，然后逐个输出其中的字符，直到遇到'\0'为止。

下面是一个常用的字符串输出语句：

```
printf("Hello\n");
```

在运行该语句时，系统怎么知道应该输出到哪里为止呢？实际上，在向内存中存储时，系统自动在最后一个字符 "\n" 的后面加了一个'\0'，作为字符串结束标志。在运行 printf 函数时，每输出一个字符检查一次，看下一个字符是否是'\0'，遇'\0'就停止输出。

2. 用 scanf 函数输入字符串

可以用 scanf 函数输入一个字符串，用"%s"格式符表示对字符串进行输入。scanf 函数中的输入项 c 是已定义的字符数组名，输入的字符串应短于已定义的字符数组的长度，若已定义字符数组 c，例如：

```
char c[6];
scanf("%s", c);
```

输入数据：

```
hello
```

此时，系统会自动在 hello 后面添加一个'\0'并写入 c 数组。利用 scanf 函数可以输入多个字符串，一般在输入时以空格分隔。例如：

```
char str1[5], str2[5], str3[5], str4[10];
scanf("%s%s%s%s", str1, str2, str3, str4);
```

输入数据：

```
I am a student
```

请注意由于空格字符被作为分隔符，该数据被作为 4 个字符串输入，数组中未被赋值的元素的值自动置'\0'。在输入完成后，str1、str2、str3 和 str4 数组的存储状态如图 7-6 所示。

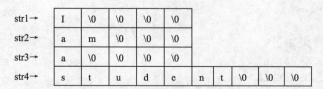

图 7-6　字符数组存储状态

对于如下形式的代码：

```
char str[15];
scanf("%s", str);
```

如果输入"I am a student"，由于系统把空格字符作为输入的字符串之间的分隔符，因此只将空格前的字符"I"送到 str 中。此时，str 数组的存储状态如图 7-7 所示。

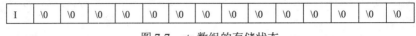

I	\0	\0	\0	\0	\0	\0	\0	\0	\0	\0	\0	\0	\0	\0

图 7-7   str 数组的存储状态

注意：scanf 函数中的输入项是字符数组名，本身就是一个地址，不要再加取地址符。下面的用法是错误的：

```
scanf("%s",&str);    //str 前面不应加&
```

【例 7-5】字符串替换处理。输入一个字符串，将所有的大小写字母循环后移一位代替，并输出该字符串。

【分析】本问题中对英文字母进行循环后移一个位置代替，其处理方法与例 7-3 类似，不同之处在于采用字符数组形式存储字符串，并按字符数组方式访问和处理字符。注意字符串结束的判断。

程序代码如下：

```
#include "stdio.h"
int main()
{
    char str[100];
    char ch;
    int i = 0;
    scanf("%s", str);                       //输入一个字符串
    while(str[i] != '\0' && i <= 100)       //判断字符串结束或字符数组越界
    {
        ch = str[i];
        if((ch >= 'A' && ch <= 'Z')||(ch >= 'a' && ch <= 'z'))
        //判断是否是英文字母
          if(ch == 'z')
              str[i] = 'a';                 //特别处理
          else if(ch == 'Z')
              str[i] = 'A';
          else str[i] = ch+1;               //字符后移一个位置代替
        i++;
    }
    printf("%s\n", str);                     //输出该字符串
    return 0;
}
```

程序运行结果如下：

```
输入：12ahz&*AHZ
输出：12bia&*BIA
```

7.2.4   字符串和字符指针

以字符数组方式存储的字符串可以用数组加下标的方式访问每个字符，也可以用字

符指针的方式循环访问每个字符，并且常量字符串也可以用字符指针的方式进行访问。

1. 字符指针变量指向一个字符串常量

字符串常量可以直接被处理，如 printf("hello\n");，除此之外，也可以用字符指针变量指向一个字符串常量，通过字符指针变量引用字符串常量。C 语言字符串常量存储在内存中的一个字符数组中，但是这个字符数组没有名称，因此不能通过数组名来引用，只能通过指针变量来引用。

【例 7-6】通过字符指针变量输出一个字符串，并输出该字符串中的第 3 个和第 4 个字符。

【分析】定义一个字符指针变量 pstr1，指向一个字符串常量，通过字符指针变量输出该字符串，再定义一个字符指针变量 pstr2，指向字符串第 3 个字符的位置，用 *pstr2 获取该字符输出，指针后移一位再次输出字符。

程序代码如下：

```
#include "stdio.h"
int main()
{
    char* pstr1 = "Hello world! ";
    char* pstr2;
    printf("%s\n", pstr1);      //用指针方式输出一个字符串
    pstr2 = pstr1+3;            //指向字符串第三个字符
    printf("%c", *pstr2);       //输出指针所指字符
    pstr2++;                    //指针后移
    printf("%c", *pstr2);       //输出指针所指字符
    return 0;
}
```

程序运行结果如下：

```
Hello world!
lo
```

程序解释：在程序中没有定义字符数组，只定义了 char 型指针变量 pstr1，用字符串常量"Hello world!"对它初始化赋值，其实就是将字符串常量的首地址转换成 char* 类型并赋给 pstr1。pstr2 则动态指向字符串中的字符，通过*pstr2 可以获取该地址的字符值。

在 C 语言中只有字符变量，没有字符串变量。例如：

```
char*  pstr1 = "Hello world! ";
```

等价于

```
char*  pstr1;                  //定义一个字符型指针变量
pstr1 = "Hello world! ";       //把字符串第 1 个元素的地址赋给字符指针
```

2. 字符指针变量指向一个字符数组

对于 C 语言定义的字符数组，也可以通过字符指针变量来引用。

【例 7-7】同例 7-5，输入一个字符串，将所有的大小写字母循环后移一位代替，并输出该字符串，采用字符指针操作字符串。

【分析】本例采用字符指针来依次处理数组元素。需要先将字符指针指向数组的某个位置，然后向前或向后移动指针即可依次操作不同位置的字符。

程序代码如下：

```
#include "stdio.h"
int main()
{
    char str[100], *cstr;
    int i = 0;
    scanf("%s", str);      //输入一个字符串，长度不超过 99 个字符
    cstr = str;            //指针指向字符数组首元素
    //*cstr 表示当前所指的字符，判断是否是字符串结束标志
    while (*cstr != '\0')
    {
        if (*cstr >= 'A' && *cstr <= 'Z')    //判断是否是大写英文字母
            *cstr = 'A' + (*cstr - 'A' + 1) % 26;
        if (*cstr >= 'a' && *cstr <= 'z')    //判断是否是小写英文字母
            *cstr = 'a' + (*cstr - 'a' + 1) % 26;
        cstr++;                              //后移一个字符
    }
    cstr = str;            //再次指向字符串首部
    printf("%s\n", cstr);  //输出该字符串
    return 0;
}
```

程序运行结果如下：

输入：12ahz&*AHZ
输出：12bia&*BIA

注意：

（1）cstr 被定义为一个指针变量，只能存放一个地址。其所指数据类型为字符型，只能指向一个字符型数据，而不能同时指向多个字符型数据。语句 cstr = str 只是将字符串的第 1 个字符的地址赋给了指针变量 cstr。

（2）可以更改指针变量的值。

（3）指针 cstr 使用之前需要初始化，否则会导致不可预知的结果。

7.2.5　字符串作为函数参数

字符串由一系列字符组成，以空值字符结尾，将字符串作为参数传递时，实际上传递的是字符串的第一个字符的地址。字符串函数原型应将其表示字符串的形参声明为 char *类型。

假设要将字符串作为参数传递给函数，则实参中表示字符串的方式有 3 种，分别是 char 数组名；用引号引起来的字符串常量（字符串字面值，此种方式在部分编译器下会

收到警告）；被设置为字符串地址的 char 指针。例如：

```
char ghost[15] = "galloping1";
char * str = "galloping2";
int n1 = strlen(ghost);               //参数为 char 数组名
int n2 = strlen(str);                 //参数为字符串的指针
int n2 = strlen("galloping3");        //参数为字符串常量
```

函数中的形参可以用指针形式也可以用数组形式，函数内访问字符串中的字符也可以用这两种方式。

【例 7-8】 用数组形式定义形参和访问字符。

程序代码如下：

```
void printstring1(char str[])
{
 int i = 0;
    while(str[i])
        putchar(str[i++]);
}
int main ()
{
        char str1[10] = "Hello";
        printstring1(str1);           //数组名作为实参
        printstring1("world");        //字符串常量作为实参
        return 0;
}
```

程序运行结果如下：

```
Hello world
```

【例 7-9】 用指针形式定义形参和访问字符。

程序代码如下：

```
void printstring2(char* str)
{
    int i = 0;
    while(*str)
        putchar(*str++);
}
int main()
{
        char str1[10] = "Hello";
        printstring2(str1);           //数组名作为实参
        printstring2("world");        //字符串常量作为实参
        return 0;
}
```

程序运行结果如下：

```
Hello world
```

【例 7-10】输入一个字符串，设计一个函数，用该函数来判断字符串是否为回文字符串。

【分析】本例采用字符数组来存放字符串，函数形参用一个字符指针来接收字符串地址，函数中用字符指针来依次访问数组元素。

程序代码如下：

```
#include "stdio.h"
int Palindrome(char * str)
{
    int flag = 1;                    //回文字符串标志，初始化为真
    char *p;
    p = str;
    while(*p) p++;                    //找到字符串结束标志
    p--;                             //指向字符串最后一个字符
    while(flag && (p > str))
    {
        if(*p != *str)  flag = 0;    //判断不是回文字符串
        p--;
        str++;
    }
    return flag;
}
int main()
{
    char c[100];
    scanf("%s",c);
    if(Palindrome(c))
        printf("It is a palindrome string!\n");
    else printf("It is not a palindrome string!\n");
}
```

【例 7-11】编写字符串循环替代处理程序，使用加密函数处理字符串，将字符串中所有的大小写字母循环后移 k 位代替，并返回该字符串，采用字符指针操作字符串。

【分析】本案例采用字符指针来逐个处理数组元素。

程序代码如下：

```
#include "stdio.h"
//str[]表示待加密字符串，key 为密钥，取值 0～25
char *Encrypt(char str[], int key)
{
    char *cstr;
    cstr = str;
    while(*cstr != '\0')                    //未到字符串结尾
    {
        if(*cstr >= 'A' && *cstr <= 'Z')   //判断是否是大写英文字母
            *cstr = 'A' + (*cstr - 'A' + key) % 26;
```

```
        if(*cstr >= 'a' && *cstr <= 'z')    //判断是否是小写英文字母
            *cstr = 'a' + (*cstr - 'a' + key) % 26;
        cstr++;                             //处理下一个字符对象
    }
    return str;
}
int main()
{
    char str[100];
    int mykey;
    printf("请输入待加密字符串: ");
    scanf("%s", str);                       //输入一个字符串
    printf("请输入加密密钥: ");
    scanf("%d", &mykey);                     //输入一个密钥
    printf("加密后的字符串: ");
    printf("%s\n", Encrypt(str,mykey));     //输出该字符串
    return 0;
}
```
程序运行结果如下:
```
请输入待加密字符串: abcxyzABCXYZ1290;
请输入加密密钥: 5
加密后的字符串: fghcdeFGHCDE1290;
```

7.3　C 语言的字符串处理函数

7.3.1　字符串输入输出函数

为了方便处理字符串，C 语言函数库提供了一些函数专门用于字符串处理，绝大多数的 C 语言编译系统都提供这些函数。常用的字符串输入输出处理函数有 puts 和 gets，它们都包含在头文件"stdio.h"中。

1. puts 函数

puts 函数的功能是向标准输出设备输出字符串并换行。
puts 函数原型如下:
```
    int puts(const char *s);
```
其一般调用形式如下:
```
    puts(str);
```
上面的函数只有一个参数，str 可以是字符指针变量名、字符数组名或字符串常量。其功能是将字符串输出到屏幕。假设已定义 str 是一个字符数组名，且该数组已被初始化为"China"，则运行 puts(str)的结果是在屏幕上输出"China"。

用 puts 函数输出的字符串中可以包含转义字符。例如:
```
    puts("China\nBeijing");
```

该语句的输出为
```
China
Beijing
```
注意：puts 函数在显示字符串时会自动在其结尾添加一个换行符，输出时只有遇到 '\0' 也就是字符串结束标志时才会停止，所以必须确保有该结束标志。如果调用成功，该函数返回一个非负值，如果发生错误则返回 EOF。

2. gets 函数

gets 函数功能是输入字符串。
gets 函数原型如下：
```
char * gets(char * s)
{
    ……
    return s;
}
```
其一般调用形式如下：
```
gets(str);
```
该语句的功能是从标准输入流中读取一行，并把它存储在 str 所指向的字符串中，当读取到换行符或文件结束符时停止。函数返回的是一个指向 char 类型数据的指针，而且该指针与传递给它的是同一个指针。例如，运行下面的函数：
```
char str[80];
gets(str);
```
从键盘输入字符串"Computer"。

此时，将输入字符串送给字符数组 str（请注意，送给数组的共有 9 个字符，而不是 8 个字符），返回的函数值是字符数组 str 的起始地址。一般使用 gets 函数的目的是向字符数组输入一个字符串，不使用其函数值。gets 函数有两种可能的返回值类型：当程序正常输入字符串时，返回读取的字符串的地址，也就是字符串存放数组的首地址；当程序出现错误或者遇到文件结束符时，返回空指针 NULL。因此可以很方便地用如下形式检测错误：
```
while(gets(name) != NULL)
    puts(name);
```
输入的时候可以循环输入多次，最后输入正文结束符，循环结束。

注意：用 puts 和 gets 函数只能输出或输入一个字符串，不能一次处理多个字符串，且 gets 函数不检查目标数组是否能够容纳输入，所以要避免数组越界。gets 会自动读取换行符前面的所有内容，包括空格，并在结尾加上'\0'。同时 gets 函数会把读取到的'\n' 丢弃，缓冲区中不会遗留换行符。

7.3.2 常用字符串处理函数

除了头文件 stdio.h 之外，一些字符串库函数定义在头文件 string.h 中。string.h 头文件定义了一个变量类型、一个宏和多种操作字符数组的函数。在 C 语言中，关于字符数组的常用函数有 strlen、strcmp、strcpy 等，常用的字符串库函数如表 7-3 所示，在使用一些字符串函数时，要保证各字符串分配了足够的存储空间，防止越界之类的动态错误发生。

表 7-3　常用字符串库函数

头文件	函数原型	函数功能
stdio.h	char *fgets(char *str, int n, FILE *stream);	从文件中读取 n 个字符到字符串 str 中
stdio.h	int fputs(const char *str, FILE *stream)	将字符串写入指定的文件
string.h	unsigned int strlen(char *str);	返回字符串 str 的长度
string.h	char *strcpy(char *dest, const char *src);	将字符串 src 的内容复制给字符串 dest
string.h	char *strncpy(char *dest, char *src, int len);	复制 src 的前 len 个字符
string.h	int strcmp(const char *s1,const char *s2);	两个字符串自左向右逐个字符相比，返回值为正负数和 0
string.h	char *strcat(char *dest, const char *src);	将 src 所指向的字符串复制到 dest 字符串后面

【例 7-12】库函数 strlen 和库函数 strcpy 使用示例。

程序代码如下：

```
#include "stdio.h"
#include "string.h"
int main(void)
{
    char string1[] = "China", string2[80];
    printf("length of string1: %d\n", strlen(string1));
    strcpy(string2, string1);
    printf("length of string2: %d\n", strlen(string2));
    puts(string2);
}
```

程序运行结果如下：

```
length of string1: 5
length of string2: 5
China
```

【例 7-13】比较两个字符串是否相等。

程序代码如下：

```
#include "stdio.h"
#include "string.h"
int main(void)
{
    char string1[80], string2[80];
    puts("Please input two strings:");
    gets(string1);
    gets(string2);
    if(strcmp(string1,string2) == 0)
        printf("%s = %s\n",string1,string2);
    else printf("%s != %s\n",string1,string2);
}
```

程序运行结果如下：
```
Please input two strings:
china
chin
china != chin
```

7.3.3 字符串数组

如果有多个字符串需要管理，如要管理一个名单，则可以使用字符串数组，也就是一个二维的字符数组，该数组的每一行相当于一个字符串，用于存放一个名字。数组的行元素就相当于一个字符串。

【例 7-14】使用字符串数组存储多个字符串。

程序代码如下：
```
#include "stdio.h"
#include "string.h"
int main(void)
{
    char namelist[3][10];    //可以存放 3 个字符串的数组
    puts("Please input 3 names:");
    for(int i = 0; i < 3;i++)
        gets(namelist[i]);
    for(int i = 0; i < 3;i++)
        puts(namelist[i]);
}
```
程序运行结果如下：
```
Please input 3 names:
beijing
shanghai
wuhan
beijing
shanghai
wuhan
```

可以将二维数组 namelist 理解为一个特殊的一维数组，该数组有 namelist[0]、namelist[1]、namelist[2]共 3 个元素，每个元素是类型为 char 的一维数组，可以存储一个字符串，因此二维数组 namelist 可以存储 3 个字符串。上例中输入数据后数组 namelist 中数组元素的值如图 7-8 所示。

图 7-8　二维数组元素的值

如果要将该数组按降序排序，则要注意，交换两个字符串的内容需要使用 strcpy 函数，而不能给两个字符串直接赋值。例如：

```
void sort(char str[3][10])
{
    char tmp[10];
    int i,j;
    for(i = 0;i < 3-1;i++)
        for (j = I + 1;j < 3;j++)
            if(strcmp(str[i],str[j])<0)
            {  strcpy(tmp,str[i]);
               strcpy(str[i],str[j]);
               strcpy(str[j],tmp);
            }
}
```

还有另一种方法来管理字符串数组，那就是利用指针数组。一个数组若其元素均为指针类型的数据，则称为指针数组。也就是说，指针数组中的每一个元素都存放一个地址，相当于一个指针变量。下面定义一个指针数组：

```
char *  strlist[3];
for (int i = 0;i < 3;i++)
   strlist[i] = namelist[i];
```

由于[]比*优先级高，因此 strlist 先与[]结合，是数组形式，表示 strlist 数组有 3 个元素，每个数组元素是一个指针变量，都可指向一个字符串。赋值之后其指针指向情况如图 7-9 所示。

	0	1	2	3	4	5	6	7	8	9
strlist[0] →	b	e	i	j	i	n	g	\0		
strlist[1] →	s	h	a	n	g	h	a	i	\0	
strlist[2] →	w	u	h	a	n	\0				

图 7-9 指针数组的指针指向情况

这样，对数组进行排序，可以通过交换两个字符串指针的值实现，而无须交换字符串的内容。程序代码如下：

```
void sort(char* str [3])
{
    int i,j;
    char* p;
    for(i = 0;i < 3-1;i++)
        for(j = i + 1;j < 3;j++)
            if(strcmp(str[i],str[j]) < 0)
            {   p = str[i];
                str[i] = str[j];
                str[j] = p;
            }
}
```

程序运行结束之后，strlist 数组的指针指向如图 7-10 所示。

图 7-10 排序之后数组的指针指向

7.4 应 用 案 例

【案例】用计算机软件来实现凯撒密码的加、解密功能，加密功能是采用用户输入的密钥对指定的明文文件进行凯撒替换，解密功能是采用用户输入的密钥对指定的密文文件进行解密，还原成明文文件。

【分析】对于一个特定的字符串进行加密处理，前面已经讨论过，Encrypt 函数将字符串和密钥（限定为正整数）作为参数进行加变换，可以无返回值，也可以将字符串首地址作为返回值。这个处理过程要注意的是，若英文字符加变换之后超越了最后一个字符，则需要进行特别处理以回到第一个字符继续。当然也可以再实现一个 Decrypt 函数进行反向变换，在反向变换的变换过程中，要注意字符减变换若超越了第一个字符，也需要进行特别处理以便回到最后一个字符继续。

其实，加密变换和解密变换可以合并成一个函数。例如：

```
char * En_DecryptStr( char str[], int key, int En_or_De)
```

该函数有 3 个形参，分别是被处理字符串、密钥、一个 int 类型参数 En_or_De（用于表示加解密，其值为 0 表示加密，为 1 或其他值表示解密）。函数返回变换后的字符串首地址。如果是解密操作，就对 key 进行如下处理，其后的处理与加密处理相同：

```
if(En_or_De)
    key = 26-key;
```

其后的字符处理代码如下，实现字符的替代变换：

```
if(*cstr >= 'A' && *cstr <= 'Z')
    *cstr = 'A' + (*cstr - 'A' + key) % 26;
if(*cstr >= 'a' && *cstr <= 'z')
    *cstr = 'a' + (*cstr - 'a' + key) % 26;
```

再设计一个函数来进行文件的操作，并调用该函数进行加解密变换。整个案例程序代码如下：

```
#include "stdio.h"
#include "string.h"
#define MaxLine 80
//0-Encrypt,1-Decrypt
char *En_DecryptStr(char str[], int key,int En_or_De)
{
    char *cstr;
    if(En_or_De)
        key = 26 - key;
    cstr = str;
```

```
        while(*cstr != '\0')
        {
            if(*cstr >= 'A' && *cstr <= 'Z')
                *cstr = 'A' + (*cstr - 'A' + key) % 26;
            if(*cstr >= 'a' && *cstr <= 'z')
                *cstr = 'a' + (*cstr - 'a' + key) % 26;
            cstr++;
        }
        return str;
}
//0-Encrypt, 1-Decrypt
void En_DeCodeFile(char *f1, char *f2, int key,int En_or_De)
{
    FILE *fp1,*fp2;
    char str[MaxLine];
    key = key%26;
    if(((fp1=fopen(f1,"r")) == NULL)||((fp2=fopen(f2,"w")) == NULL))
        printf("File open error!\n");
    else
    { while(fgets(str,MaxLine,fp1)!= NULL)
        fputs(En_DecryptStr(str,key,En_or_De),fp2);      //写入文件 fp2
      printf("Operate successfully!\n");
    }
    if(fp1) fclose(fp1);
    if(fp2) fclose(fp2);
}
int main()
{
    int choice;
    int key;
    char PlainTxtFile[MaxLine],CipherTxtFile[MaxLine];
    do
    {
        printf("\nText file encryption and decryption system\n");
        printf("Functions:  1,Encryption   2,Decryption  0,Exit\n");
        printf("Please choose:");
        scanf("%d",&choice);
        if(choice == 1)
            {
                printf("Please enter the plaintext file name: ");
                scanf("%s",PlainTxtFile);
                printf("Please enter the ciphertext file name: ");
                scanf("%s",CipherTxtFile);
                printf("Please enter the key:");
                scanf("%d",&key);
                //参数 0 表示加密操作
                En_DeCodeFile(PlainTxtFile, CipherTxtFile, key,0);
```

```
        }
    else if(choice == 2)
    {
        printf("Please enter the ciphertext file name: ");
        scanf("%s",CipherTxtFile);
        printf("Please enter the plaintext file name: ");
        scanf("%s",PlainTxtFile);
        printf("Please enter the key:");
        scanf("%d",&key);
        //参数 1 表示解密操作
        En_DeCodeFile(CipherTxtFile,PlainTxtFile,key,1);
    }
    else if(choice != 0)
        printf("Input error!\n");
} while(choice != 0);
}
```

【思考】如果要对二进制数据进行类似的替换加密操作，使用字符数组作为程序的数据结构是否合理，应该如何修改数据结构和计算过程？

本 章 小 结

字符串是非常重要的数据处理对象，是由零个或多个字符组成的，以'\0'为结束标志的有限字符序列，有其自身的特性并有着广泛的应用。在许多程序设计语言中都有字符串的概念，C 语言中提供了库函数来实现基本的字符串操作。

在各种信息处理系统中，如顾客姓名、货物名称、地址、图书名称、出版社、员工职位等信息，一般都作为字符串来存储和处理。在文字处理系统等许多领域，字符串也应用广泛。

本 章 习 题

一、单选题

1. 在 C 语言中，char 型数据占（　　）字节。

    A. 1　　　　　　　　B. 2　　　　　　　　C. 4　　　　　　　　D. 8

2. 下列程序段的运行结果是（　　）。

```
int main( )
{ char c1 = 97, c2 = 98;
    printf("%d %c",c1,c2);
}
```

    A. 97 98　　　　　　B. 97 b　　　　　　C. a 98　　　　　　D. a b

3. 下列程序段的运行结果是（　　）。

```
int i,s;
```

```
char ch[7] = "89ab12";
for (i = 0,s = 0; ch[i] >= '0' && ch[i] <= '9'; i++)
    s = 10 * s + ch[i] - '0';
printf("%d\n",s);
```
　　A. 89ab12　　　　　　B. 8912　　　　　　　C. 89　　　　　　　D. 144

4. 下列程序段的运行结果是（　　　）。
```
char ch[5] = {'a', 'b', '\0', 'e', '\c'};
printf("%s\n",ch);
```
　　A. abec　　　　　　B. ab　　　　　　　C. ec　　　　　　D. ab ec

5. 若 char a[10];已正确定义，则下列语句中，不能从键盘上给 a 数组的元素输入值的语句是（　　　）。

　　A. gets(a);　　　　　　　　　　　　　B. scanf("%s",a);
　　C. for (i = 0; i < 10; i++) a[i] = getchar( );　　D. a = getchar( );

6. 下列语句中，能够判断两个字符串 str1 和 str2 是否相等的是（　　　）。

　　A. if (str1 == str2)　　　　　　　　B. if (str1 = str2)
　　C. if (strcmp(str1,str2))　　　　　　D. if (strcmp(str1,str2) == 0)

7. 假设有如下变量定义 "char strl[8],str2[8] = "best";"，则下列语句中，不能将字符数组 str2 的字符元素值传给字符数组 str1 的是（　　　）。

　　A. strl = str2;　　　　　　　　　　B. strcpy(strl，str2);
　　C. strcpy(strl，str2，6);　　　　　　D. memcpy(strl，str2，5);

8. 函数调用 strcat(strcpy(str1,str2),str3)的功能是（　　　）。

　　A. 字符将串 str1 复制到字符串 str2 后再连接到字符串 str3 之后
　　B. 将字符串 str1 连接到字符串 str2 后再复制到字符串 str3 之后
　　C. 将字符串 str2 连接到字符串 str1 后将字符串 str1 复制到字符串 str3 中
　　D. 将字符串 str2 复制到字符串 str1 中再将字符串 str3 连接到字符串 str1 之后

9. 下列函数的功能是（　　　）。
```
fun (char *a, char *b)
    {while((*b = *a)!= '\0') {a++; b++;}}
```
　　A. 将 a 所指字符串赋给 b 所指内存单元
　　B. 使指针 b 指向 a 所指字符串
　　C. 比较 a 所指字符串和 b 所指字符串
　　D. 检查 a 和 b 所指字符串中是否有'\0'

10. 假设有定义 char h, *s=&h;，则下列语句中，可将'H'通过指针存入变量 h 中的是（　　　）。

　　A. *s=H　　　　　　B. *s='H'　　　　　　C. s=H　　　　　　D. s='H'

11. 假设有定义 char *s1="hello",*s2=s1;，则（　　　）。

　　A. s2 指向不确定的内存单元
　　B. 不能访问"hello"
　　C. puts(s1); 与 puts(s2); 结果相同

D. s1 不能再指向其他单元

12. 下列程序段的运行结果是（   ）。

```
main()
{ char s[] = "123",*p;
  p = s;
  printf("%c%c%c\n",*p,*p,*p);
}
```

    A. 123   B. 111   C. 222   D. 333

13. 下列程序段的运行结果是（   ）。

```
char arr[2][4];
strcpy(arr[0], "you");  strcpy(arr[1], "me");
arr[0][3] = '&';
printf("%s\n",arr);
```

    A. you&me   B. you   C. me   D. arr

14. 设有以下语句，若 0<k<4，则下列选项中，属于对字符串非法引用的是（   ）。

```
char str[4][4] = { "aaa","bbb","ccc","ddd"}, *strp[4];
int j;
for(j = 0; j < 4; j++)  strp[j] = str[j];
```

    A. strp   B. str[k]   C. strp[k]   D. *strp

15. 设有说明 char * list[10];，其中标识符 list 是（   ）。

    A. 一个字符指针，指向的是一个具有 10 个 char 元素的数组

    B. 一个数组，有 10 个元素，每个元素是一个字符

    C. 一个数组，有 10 个元素，每个元素是一个 char 指针

    D. 不正确

二、编程题

1. 使用库函数 getchar 输入若干字符，对每一个小写字母使用函数 putchar 输出其对应的大写字母，对大写字母使用库函数 putchar 输出其对应的小写字母，其他字符原样输出。

2. 不调用库函数 strcpy，将以下数组 s1 中的字符串复制到数组 s2 中，并输出数组 s2 中的字符串：

```
char s1[80]= "hello world ", s2[80];
```

3. 请对一个输入的字符串进行字符统计，分别统计大写字母、小写字母、数字和其他符号的字符数（假设字符串少于 80 个字符）。

4. 统计一个英文句子中单词的个数，假定句子中只含字母和空格，各单词之间用空格分隔，单词之间的空格可以有多个。

5. 输入 10 名学生的英文名单，把这个名单分别按字符串升序和字符串降序各输出一次。

6. 有一种电文，按如下规律加密成密码：即第 1 个字母变成第 26 个字母，第 i 个字母变成第（26-i+1）个字母，非字母字符不变。要求编写程序将输入明文字符串加密成密码并输出密文。

7. 在一个英文句子中查找最长单词并输出该单词，假定句子中只含字母和空格，各单词之间用空格分隔，单词之间的空格可以有多个。

8. 编写一个程序，输入 10 个以内的电子邮箱地址，剔除重复的邮箱地址并将邮箱地址按照字母表顺序排列并输出。在比较字符串的时候，字母的大小写可以忽略。

第8章 结 构 体

计算机既能够进行数值计算，也能进行非数值（字符）计算。无论是数值还是非数值计算，所处理的数据都比较简单。现实生活中，要处理的数据往往并非单一类型的数据，如描述一名学生时，学生的属性包括姓名、学号、年龄、分数等，这些数据中有字符串型、整型和浮点型 3 种类型，如何表示这些复杂的数据就是本章要学习的内容。

8.1 结 构

允许用户自定义数据结构类型是 C 语言的重要机制。本节主要介绍结构体的定义和嵌套，并通过两个实例展示结构体的具体使用。

8.1.1 数据表示的变化

前文介绍了基本数据类型可以描述一种信息，如用整型描述年龄，浮点型描述身高等。当这类信息很多的时候，如某个班级所有人的年龄，就需要用数组来描述。随着需要解决的问题越来越复杂，要表示的信息也变得越来越复杂，需要用复杂的数据结构来描述这些复杂的信息。

8.1.2 结构体的引入

在描述学生基本信息时，可能会用到姓名、身高、年龄等信息，而在 C 语言中一般用字符串型描述姓名，浮点型描述身高，整型描述年龄。为了描述完整的学生信息，需要把这些信息组合到一起，因此引入了结构体。

由于 C 语言没有提供一种数据类型能够表示不同类型的数据，因此需要定义一个新的数据类型。以学生为例，可以称为学生数据类型，描述如下：

学生{姓名（字符串型），身高（浮点型），年龄（整型）}

再抽象一下就可以得到结构体定义的一般形式，如下所示：

```
结构体名
{
    数据类型      成员名1;
    数据类型      成员名2;
    ……
    数据类型      成员名n;
};
```

用程序语言来描述，代码如下：

```
struct Student
```

```
{ //学生信息
    char name[10];          //姓名
    float height;           //身高
    int age;                //年龄
};                          //这里的分号不要忘记
```

其中，struct 是关键字，Student 是结构体名，表示 Student 是一个用结构体来描述的"新的数据类型"。结构体是一种集合，包含多个变量或数组，它们的类型可以相同，也可以不同，每个这样的变量或数组称为结构体的成员。

有了自定义的新数据类型，就可以像基本数据类型一样来定义变量了。例如：

```
struct Student s1, s2;
```

此时的 s1、s2 就是用来存放学生信息的结构体变量。需要注意的是，struct 要与 Student 一起使用来定义结构体变量。虽然 Student 是个新的数据类型，但是它依旧是由基本数据类型组成的。因此，结构体变量的用法与普通变量类似。

用结构体定义变量还可以在定义结构体的同时定义变量。例如：

```
struct Student
{
    char name[10];
    float height;
    int age;
} s1, s2;
```

8.1.3 结构体嵌套

虽然给出了一个基本的结构体的定义，但是可以发现，这个结构体所包含的信息仍然比较简单，而在实际的软件开发过程中，信息往往比这个结构体复杂很多。例如，学生信息除姓名、身高和年龄外，可能还有家庭住址、专业信息等。假设学生信息中包含家庭住址，而家庭住址一般又包含居住地址、邮政编码、联系电话等，则其描述如下：

学生{姓名（字符串型），身高（浮点型），年龄（整型），家庭住址}

由于家庭住址又包含多个信息，通过结构体定义知道，可以通过定义一个结构体来定义家庭住址。例如：

家庭住址{居住地址（字符串型），邮政编码（整型），联系电话（字符串型）}

因此，可以先定义家庭住址这个结构体，再参考家庭住址这个结构体来定义学生信息。这种在结构体中使用结构体的方式就是结构体的嵌套。代码如下：

```
struct Address
{ // 学生家庭住址
    char location[80];      //详细地址
    int  zipcode;           //邮政编码
    char  phone[12];        //联系电话
};                          //这里的分号不要忘记
```

然后，参考定义好的家庭住址结构体来定义学生结构体。代码如下：

```
struct NewStudent
{ //学生信息
    char name[10];          //姓名
    float height;           //身高
```

```
   int age;              //年龄
   struct Address add;   //家庭住址
};                       //这里的分号不要忘记
```
同样地，也可以用这个较复杂的学生结构体来定义学生信息结构体。

8.1.4 结构体的使用

结构体变量的定义和普通变量的定义类似，但是由于结构体是自定义的数据类型，结构体的使用有自己的特殊性。

首先，结构体变量的初始化有两种形式，一是定义结构体变量的同时进行初始化；二是定义结构体变量之后，再进行初始化。

下面是在定义结构体变量的同时进行初始化的示例代码：
```
struct Student s1 = {"zhangsan",1.70,19};
struct NewStudent s2 = {"lisi",1.75,20,{"武汉市洪山区",430073, "13112345678"}};
```
定义结构体变量之后，再进行初始化时，不能像定义结构体变量的同时进行初始那样整体赋值，只能逐一对结构体中的变量赋值。这时需要访问结构体中的变量。C 语言规定，使用"."来访问结构体中的变量（还有一种方式后面会介绍）。例如，如果想对结构体变量 s1 中的年龄进行赋值，C 语言的表达式如下：
```
s1.age = 21;
```
同理，要对 s1 中的姓名进行赋值，可使用以下语句：
```
strcpy("wangwu", s1.name);
```
稍微复杂的是结构体变量 s2 的使用，如果想对结构体变量 s2 中家庭住址中的邮政编码赋值，该如何做呢？其实，通过 s1 的使用可以推理出 s2 的使用。对 s2 中的邮政编码的访问可以看作先访问家庭住址，再通过家庭住址访问邮政编码。其表达式如下：
```
S2.add.zipcode = 123456;
```
也就是说，用多个点号实现嵌套后结构体的使用。

【例 8-1】编程实现输入学生信息（包括姓名、年龄和身高），并输出。
程序代码如下：
```
#include <stdio.h>
struct Student
{
   char name[10];   //学生姓名
   float height;    //学生身高
   int age;         //学生年龄
};
void main(void)
{
   struct Student s1;
   printf("please input student's information: \n");
   scanf("%s%f%d", s1.name,&s1.height,&s1.age);
   printf("%s  %f  %d", s1.name,s1.height,s1.age);
}
```

程序运行结果如下：

```
please input student's information:
张三 1.7 20
张三 1.700000 20
```

【例8-2】编程实现输入 5 名学生的信息（包括姓名、年龄和身高），输出身高最高的学生信息。

程序代码如下：

```
#include <stdio.h>
struct Student
{
    char name[10];              //学生姓名
    float height;               //学生身高
    int age;                    //学生年龄
};
void main(void)
{
    struct Student s1, sMax;
    int i;
    printf("please input 5 students' information: \n");
    for(i = 0;i < 5;i++)
    {
        scanf("%s%f%d", s1.name,&s1.height,&s1.age);
        if(i == 0)
        {
            sMax = s1;
        }
        else
        {
            if(sMax.height < s1.height)
            sMax = s1;
        }
    }
    printf("%s  %f  %d",sMax.name,sMax.height,sMax.age);
}
```

程序运行结果如下：

```
please input students' information:
张三 1.72 20
李四 1.69 19
王五 1.70 21
赵六 1.80 18
孙七 1.67 19
赵六 1.800000 18
```

8.2 结构体与数组

结构体和数组有相似之处，也有不同之处。相似的是，数组和结构体都可以存放多个数据；不同的是，数组存放的是相同类型的数据，而结构体可以存放不同类型的数据。同时，对数据的访问方式也不同，数组是通过下标来访问所存放的数据，而结构体则是通过"."来访问数据。

由于结构体是自定义的数据类型，因此也可以像普通数据类型一样定义数组，也就是结构体数组。

8.2.1 结构体数组的定义

结构体数组的定义与普通数组定义类似。例如，要定义能够存放 10 名学生的结构体数组，可以使用以下语句：

```
struct NewStudent s3[10];
```

如果需要对结构体数组进行初始化，则可以像普通数组那样，在定义结构体数组的同时进行初始化。例如：

```
struct NewStudent s4[3] = {
{"zhangsan",1.72,20,{"武汉市洪山区",430073,"13112345678"}},
{"lisi",1.75,20,{"武汉市武昌区",430074,"13112345678"}},
{"王五",1.75,20,{"武汉市江夏区",430200,"13112345678"}}
};
```

8.2.2 结构体数组的使用

结构体数组中每个元素是一个结构体，而每个结构体中又包含多个数据，结构体数组的使用最终是访问结构体中的数据。下面通过一个例子来了解结构体数组如何使用。

【例 8-3】输入 5 名学生的信息，输出身高高于平均值的学生信息。

程序代码如下：

```c
#include <stdio.h>
struct Student
{
    char name[10];          //学生姓名
    float height;           //学生身高
    int age;                //学生年龄
};
void main(void)
{
    struct Student s1[5];
    int i;
    float sum, average;
    sum = 0;
    printf("please input 5 students' information: \n");
    for(i = 0;i < 5;i++)
```

```
    {
        scanf("%s%f%d",s1[i].name,&s1[i].height,&s1[i].age);
        sum += s1[i].height;
    }
    average = sum / 5;
    printf("\n");
    for(i = 0;i < 5;i++)
    {
        if(s1[i].height > average)
        {
            printf("%s  %f  %d\n", s1[i].name,s1[i].height,s1[i].age);
        }
    }
}
```

程序运行结果如下：

```
please input 5 students' information:
张三 1.72 20
李四 1.69 19
王五 1.70 21
赵六 1.80 18
孙七 1.67 19
张三 1.720000 20
赵六 1.800000 18
```

从上面的程序可以看出，C 语言对结构体数组的访问是综合了数组和结构体的访问方式，用下标访问数组中的数据，用"."访问结构体中的成员。其一般访问形式如下：

结构体数组名[下标].成员

【例 8-4】自定义一个学生结构体，该结构体包含学号、姓名、成绩、平均成绩4 个成员，其中成绩又包括语文、数学和英语。输入 5 名学生的信息，输出平均成绩最高的学生信息（保留小数点后两位）。

程序代码如下：

```
#include <stdio.h>
struct Grade
{
    float chinese;
    float math;
    float english;
};
struct Student
{
    int stuNo;                    //学号
    char name[10];                //学生姓名
    struct Grade grade;           //学生成绩
    float average;                //学生平均成绩
```

```
};
void main(void)
{
    struct Student s1[5];
    int i,imax;
    float max;
    printf("please input 5 students' information: \n");
    max = 0;
    imax = 0;
    for(i = 0;i < 5;i++)
    {
        scanf("%d%s%f%f%f", &s1[i].stuNo,s1[i].name,
               &s1[i].grade.chinese,&s1[i].grade.math,
               &s1[i].grade.english);
        s1[i].average = (s1[i].grade.chinese + s1[i].grade.math +
        s1[i].grade.english)/3;
        if(max < s1[i].average)
        {
            max = s1[i].average;
            imax = i;
        }
    }
    printf("学号  姓名  语文  数学  英语   平均成绩\n");
    printf("%d %s %.2f %.2f %.2f %.2f\n",s1[imax].stuNo,s1[imax].
    name, s1[imax].grade.chinese, s1[imax].grade.math, s1[imax].grade.
    english,s1[imax].average);
}
```

程序运行结果如下：

```
please input 5 students' information:
1001 张三 81 82 83
1002 李四 70 80 85
1003 王五 90 88 82
1004 赵六 60 70 80
1005 孙七 90 92 90
学号  姓名  语文  数学  英语   平均成绩
1005  孙七  90.00  92.00  90.00  90.67
```

【例 8-5】自定义一个学生结构体，该结构体包含学号、姓名、成绩、平均成绩 4 个成员，其中成绩又包括语文、数学和英语。输入 5 名学生的信息，按平均成绩从高到低输出所有学生信息。

程序代码如下：

```
#include <stdio.h>
struct Grade
{
    float chinese;
    float math;
```

```
        float english;
    };
    struct Student
    {
        int stuNo;                        //学号
        char name[10];                    //学生姓名
        struct Grade grade;               //学生成绩
        float average;                    //学生平均成绩
    };
    void main(void)
    {
        struct Student s1[5], tempStu;
        int i, j, temp;
        printf("please input 5 students' information: \n");
        for(i = 0;i < 5;i++)
        {
            scanf("%d%s%f%f%f", &s1[i].stuNo,s1[i].name,
            &s1[i].grade.chinese,&s1[i].grade.math,&s1[i].grade.english);
            s1[i].average = (s1[i].grade.chinese + s1[i].grade.math + s1[i].
            grade.english)/3;
        }
        //选择法排序
        for(i = 0;i < 4;i++)
        {
            temp = i;
            for(j = i + 1;j < 5;j++)//在未排好序的部分查找平均成绩最高的学生
            {
                if(s1[temp].average < s1[j].average)
                {
                    temp = j;
                }
            }
            //找到平均成绩最高的那名学生和未排好序部分的第一名（也就是第 i 名）学
              生进行交换
            tempStu = s1[i];
            s1[i] = s1[temp];
            s1[temp] = tempStu;
        }
        //输出排好序的学生信息
        printf("学号    姓名    语文    数学    英语    平均成绩\n");
        for(i = 0;i < 5;i++)
        {
        printf("%d    %s    %.2f    %.2f    %.2f    %.2f\n",s1[i].stuNo,s1[i].name,
            s1[i].grade.chinese, s1[i].grade.math, s1[i].grade.english,
            s1[i].average);
        }
    }
```

程序运行结果如下：

```
please input 5 students' information:
1001 张三 81 82 83
1002 李四 70 80 85
1003 王五 90 88 82
1004 赵六 60 70 80
1005 孙七 90 92 90
学号    姓名    语文      数学      英语      平均成绩
1005    孙七    90.00     92.00     90.00     90.67
1003    王五    90.00     88.00     82.00     86.67
1001    张三    81.00     82.00     83.00     82.00
1002    李四    70.00     80.00     85.00     78.33
1004    赵六    60.00     70.00     80.00     70.00
```

在本例中，功能相对较多，所有功能都写在主函数中，主函数显得比较臃肿，而且不便于阅读。读者可以考虑使用函数对这个题目进行改写。

8.3 结构体与指针

通过前面的学习，可以发现指针能够很方便地对数据进行操作。前面已经学习了普通指针变量（指向基本数据类型），指向数组的指针。结构体也是一种数据类型，也可以使用指针访问结构体，这就是本节要学习的指向结构体的指针。

8.3.1 指向结构体变量的指针

先回顾一下前面学习的指向普通变量的指针。例如：

```
int a, *p;
p = &a;
```

此时，指针 p 指向变量 a（本质是存放了 a 的内存地址），可以通过*p 得到 a 的值。

同样的道理，当定义结构体变量时，该结构体变量在内存中也需要有个空间存放，既然有地址，那么很容易就能与指针关联起来。也就是说，也可以定义一个指向结构体的指针，该指针存放的是结构体的内存地址。参考普通变量和指针的定义，很容易就能得到指向结构体的指针的定义。

以 8.2 节中的结构体为例，其一般形式如下：

```
struct Student s1, *p;
p = &s1;
```

此时，p 就是指向结构体变量 s1 的指针。同理，*p 就与 s1 等价了，所以可以通过 (*p).stuNo 来访问结构体变量 s1 中的成员。

注意：*p 两边的括号不可省略，因为成员运算符 "." 的优先级高于指针运算符 "*"，如果*p 两边的括号省略，那么 *p.stuNo 就等价于 *(p. stuNo)。

此外，为了使用上的方便和直观，如下用指针引用结构体变量成员的方式：

```
(*指针变量名) .成员名
```

可以直接改写为

指针变量名->成员名

上述两种方法是等价的。"->"是"指向结构体成员运算符",它的优先级同结构体成员运算符 "." 一样高。p-> stuNo 的含义是,指针变量 p 指向结构体变量中的 stuNo 成员。p-> stuNo 最终代表是 stuNo 这个成员中的内容。

可以用指针对例 8-1 进行改写。改写后的代码如下:

```c
#include <stdio.h>
struct Student
{
    char name[10];              //学生姓名
    float height;              //学生身高
    int age;                  //学生年龄
};
void main(void)
{
    struct Student s1,*p;
    p = &s1;
    printf("please input student's information: \n");
    scanf("%s%f%d",p->name,&p->height,&p->age);
    printf("%s  %f  %d",p->name,p->height,p->age);
}
```

但是要注意的是,对于嵌套的结构体,如 8.1.3 节中的 NewStudent,如果要访问 NewStudent 中 add 中的成员,应该用 p->add.phone,而不是 p->add->phone,因为 add 不是指针,是普通的结构体变量。与普通指针一样,当未给指向结构体的指针赋值时,即指针不指向任何结构体变量时,无法用该指针访问结构体中的数据。

8.3.2　指向结构体数组的指针

前面学习了指针和数组的关系,可知通过指针能够对数组进行访问。同理,也可以用一个指向结构体变量的指针指向结构体数组,即将结构体数组名赋给指向结构体变量的指针。此时,这个指针就指向了结构体数组的第一个元素。

下面将通过一个例子来演示如何使用指向结构体数组的指针。

【例 8-6】使用指向结构体数组的指针。

程序代码如下:

```c
#include <stdio.h>
struct Student
{
    char name[10];              //学生姓名
    float height;              //学生身高
    int age;                  //学生年龄
};
void main(void)
{
    int i;
    struct Student stu[3] = {{"张三",1.67,20},{"李四",1.70,21},{"王五",
```

```
                        1.74,19}};
        struct Student *p;
        p = stu;
        for(i = 0;i < 3;i++)
        {
            printf("%s  %f  %d",p->name,p->height,p->age);
            p++;
        }
    }
```
程序运行结果如下：
```
    张三  1.670000  20
    李四  1.700000  21
    王五  1.740000  19
```

在这个例子中，也是通过 p++ 操作来移动指针，实现对整个数组的访问。读者可以参考指针和数组之间的关系，用指针实现数组的访问方式。

程序中，p++ 操作将指针移动到下一个元素的地址，所移动的字节数与所存放的数据类型有关。那么对于结构体数组，每移动一次，会移动多少字节呢？读者可以自行查阅相关资料，寻找答案。

8.4 结构体与函数

结构体作为一种自定义的数据类型，与基本数据类型的用法类似。结构体自身包括一些成员变量，所以其具体用法与基本数据类型还是存在细微的差异。本节主要介绍 3 个方面的内容。

（1）结构体变量作为函数参数：该传值方式与基本数据类型传值方式相同，在实参传给形参的过程中需要生成实参的副本，而且结构体中的成员一般较多，从而会造成一定的开销，故传值效率较低。

（2）结构体指针作为函数参数：该传值方式与基本数据类型传指针方式相同，仅需要传递实参的地址，不需要额外的开销，因而效率较高。

（3）结构体作为返回值：通常情况下，函数只能返回一个值，而在某些特殊情况下，函数需要返回多个值时，可以将这多个值定义为结构体的成员，从而返回结构体变量，这是解决该问题的方法之一。

8.4.1 结构体变量作为参数

本节以学生结构体为例介绍将结构体变量作为函数参数的用法。

【例 8-7】结构体变量作为函数参数。
程序代码如下：
```
    #include <stdio.h>
    struct Student
```

```
{
    char name[10];                      //学生姓名
    float height;                       //学生身高
    int age;                            //学生年龄
};
void Print(struct Student s)            //输出结构类型：传值调用
{
    printf("%s\t%f\t%d\n",s.name,s.height,s.age);
}
int main()
{
    int n, i;
    struct Student s1[] = {{"张三", 1.7, 20},
                           {"李四", 1.8, 21},
                           {"王五", 1.7, 22}};
    n = sizeof(s1) / sizeof(*s1);       //计算数组元素个数
    for(i = 0; i < n; i++)
    {
        Print(s1[i]);
    }
    printf("\n");
    return 0;
}
```
程序运行结果如下：
```
张三    1.700000        20
李四    1.800000        21
王五    1.700000        22
```

在 Print 函数中，将 Student 结构体变量作为函数的参数。在 main 函数中，定义结构数组 s1，利用 sizeof 函数计算数组的元素个数，将该数组中的每个元素作为参数传递给 Print 函数。

8.4.2 结构体指针作为参数

本节以学生结构体为例介绍将结构体指针作为函数参数的方法。

【例 8-8】结构体指针作为函数参数。
程序代码如下：
```
#include <stdio.h>
struct Student
{
    char name[10];                  //学生姓名
    float height;                   //学生身高
    int age;                        //学生年龄
};
void Input(struct Student* s)       //输入结构变量：指针形式传递输出参数
{
```

```
        printf("Please input the name: ");
        scanf("%s",s->name);
        printf("Please input the height:");
        scanf("%f",&((*s).height));
        printf("Please input the age: ");
        scanf("%d",&(s->age));
    }
    void Print(struct Student *s)    //输出结构类型：结构体指针作为函数参数
    {
        printf("%s\t%f\t%d\n",s->name,s->height,s->age);
    }
    int main()
    {
        int i;
        struct Student s1[3];
        for(i = 0; i < 3; i++)
        {
            Input(&s1[i]);
            Print(&s1[i]);
        }
        return 0;
    }
```

程序运行结果如下：

```
Please input the name: 张三
Please input the height:1.7
Please input the age: 20
张三    1.700000        20
Please input the name: 李四
Please input the height:1.8
Please input the age: 21
李四    1.800000        21
Please input the name: 王五
Please input the height:1.7
Please input the age: 22
王五    1.700000        22
```

在该例子中，定义了函数 Input 给结构体的 3 个成员赋值，在访问结构体的成员时采用了“->”和“.”两种方式。读者注意一下这两者的区别。在函数 Print 中，将函数的参数修改为结构体指针，采用->访问各个成员。与传值调用方式对比，将指针作为参数的效率更高。函数 Input 和函数 Print 虽然都是采用指针作为参数，但是二者的意义不同。在函数 Input 中采用指针调用，是想把在函数中对实参的修改保留下来，然后把该值传递给后面的结构体数组作为元素。在函数 Print 中采用指针作为参数，是因为传值传递参数时占用空间较多，利用指针作为参数能够节约开销。

8.4.3　结构体作为返回值

本节介绍将结构体作为函数返回值的方法，该方法适合函数需要返回多个值的情况。

【例 8-9】结构体作为函数返回值。

程序代码如下：

```c
#include <stdio.h>
struct Point
{
    int x;
    int y;
};
void Input(struct Point *p)        //输入函数，用于给结构体成员赋值
{
    printf("Please input the x value: ");
    scanf("%d",&(p->x));
    printf("Please input the y value: ");
    scanf("%d",&(p->y));
}
void Print(struct Point* p)        //输出函数，用于输出结构体的各个成员
{
    printf("(%d,%d)",p->x,p->y);
}
struct Point Add(struct Point *p1, struct Point *p2)
//加法函数，用于将参数中的结构体所对应的成员相加
{
    struct Point temp;             //定义临时变量，用于存放最终结果
    temp.x = p1->x + p2->x;
    temp.y = p1->y + p2->y;
    return temp;                   //将最终结果返回
}
int main()
{
    struct Point p1, p2, temp;     //定义 3 个结构体变量
    Input(&p1);                    //给结构体变量 p1 和 p2 的成员赋值
    Input(&p2);
    printf("调用加法函数并输出结果：");
    temp = Add(&p1, &p2);          //调用加法函数，将两个结构体变量相加
    Print(&temp);
    printf("\n");
    return 0;
}
```

在本例中，首先定义结构体 Point，并在该结构体中定义整型成员 x 和 y。为了能够灵活地给结构体变量赋值，定义函数 Input，并采用结构体指针作为该函数的参数。在函数 Print 中将参数定义为结构体指针用于输出结构体变量。函数 Add 带有两个结构体指针参数，作用是将两个结构体变量 p1 和 p2 相加，并将和存放在变量 temp 中，然后返回该 temp。结构体类型作为返回类型与基本数据类型作为返回类型类似，两个 Point 类型的变量相加，其结果自然也是 Point 类型，故其返回类型是 Point 类型。

注意：从 C 语言的语法上看，允许将结构体类型作为返回类型。但是结构体成员

一般较多，故其占用的内存一般较大，而将结构体类型作为返回类型时，会产生返回值的副本，会增加开销。因此，需要谨慎使用。

为了解决上述问题，采用指针作为参数返回两个结构体变量之和。将函数 Add 的代码修改如下：

```
void Add(struct Point *p1, struct Point *p2, struct Point *temp)
//加法函数，用于将参数中的两个结构体变量所对应的成员相加
{
    temp->x = p1->x + p2->x;
    temp->y = p1->y + p2->y;
}
```

将函数 Add 的返回类型修改为 void，在保持前两个参数不变的情况下，增加第三个参数 struct Point *temp，将前两个参数之和存放在第三个参数中。在保证完成同样功能的前提下，提高代码效率。

程序运行结果如下：

```
Please input the x value: 1
Please input the y value: 2
Please input the x value: 3
Please input the y value: 4
调用加法函数并输出结果: (4,6)
```

第一个参数的 x 和 y 值分别为 1 和 2，第二个参数的 x 和 y 值分别为 3 和 4，其计算结果为 4 和 6。

8.5 结构体与链表

8.5.1 链表概述

前面介绍了数组，数组是一种能够连续存储多个元素的复杂数据结构。数组具有能够按照索引快速查找元素，能够存储大量数据，能够按照索引遍历数组，能够随机访问其中元素等优点。但是数组也存在一些缺点，如数组的大小一旦确定就不能改变，当向数组中添加或者删除元素时效率较低；并且数组对存储空间的要求较高，必须是连续空间，但内存中不可能有大量的连续存储空间。要解决上述问题，就需要使用链表。

链表也是一种能够存储多个元素的复杂数据结构，但是它不要求元素在内存中的存储位置是连续的，而是可以随机存放。在链表中对数据进行添加或者删除时非常方便，不需要移动大量的数据。当需要添加新元素时，可以向系统动态申请一块存储空间。当需要删除链表中的数据时，就将该块内存空间还给系统。链表不具有数组那种能够随机读取数据元素的优点。链表（此处仅介绍单链表）与生活中的火车比较类似，一节一节的车厢链接形成火车。每节车厢就是链表中的一个结点，每节车厢都包括货物和连接下一个车厢的钩子（最后一节车厢除外），"货物"就是链表中的数据元素，"钩子"就是链表中指向下一个结点的指针。

8.5.2 链表中的结构定义

图 8-1 所示是一个链表模型，链表由多个结点组成，其中指向第一个结点的指针称为头指针 head，指向最后一个结点的指针称为尾指针 tail。只要获得头指针 head，就可以完成对链表的所有操作。这就类似只要找到瓜藤的根，就可以摘到藤上每个西瓜一样。对链表的操作，重点需要把握好对结点前后指针的操作。

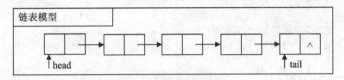

图 8-1 链表模型

下面以前面的学生结构体为例，使用链表定义结点的类型：

```c
#include <stdio.h>
#include <stdlib.h>
#include <assert.h>
#include <string.h>
struct Student
{
    char name[10];    //学生姓名
    float height;     //学生身高
    int age;          //学生年龄
};
struct Node
{
    struct Student stu;
    struct Node* next;
};
```

上述代码定义了 Student 结构体和 Node 结构体。此处的 Node 结构体就相当于火车上的一节车厢，花括号中的 struct Student stu 就是车厢中的货物，即数据元素；struct Node* next 就是连接下一节车厢的钩子，即指针，该结构体变量必须是指向同类结点的指针。Node 结构体中的 struct Student stu 可以根据不同的实际应用修改为不同的数据类型，如一个基本数据类型，多个基本数据类型，或者复合数据类型。

8.5.3 链表的建立和遍历

当链表中的结点定义完成之后，首要工作就是建立链表，函数 Create 的定义如下所示，该函数仅建立了一个头结点：

```c
struct Node* Create(void)
{
    struct Node* head;
    head = (struct Node* )malloc(sizeof(struct Node));
    assert( head != NULL);    //将头结点的下一个结点设置为 NULL
    head->next = NULL;
    return head;
}
```

函数 Create 首先定义了 head 指针，利用函数 malloc 为 head 动态申请空间，然后调用 assert 函数判断是否成功申请到空间，运行语句 head->next = NULL;，将头结点的下一个结点设置为 NULL，最后返回该 head 指针以备其他函数使用。

当链表建立完成之后，就可以对链表中的元素进行遍历，依次输出其中的元素了。函数 Traverse 的定义如下：

```
void Traverse(struct Node *head)
{
    struct Node* p = head;
    while (p->next != NULL)
    {
    p = p->next;
    printf("%s\t%.1f\t%d\n",p->stu.name,p->stu.height,p->stu.age);
    }
}
```

函数 Traverse 带有一个结构体指针的参数，该指针是链表的头结点。通过运行语句 p = p->next;，完成指针向后移动的动作，并依次输出结点中的数据。当指针移动到链表尾结点时，p->next 为空，遍历任务完成。

8.5.4 链表中的结点添加

在链表中添加结点通常有 3 种方式，即从头结点插入、从尾结点插入、从任意位置插入。本节仅介绍从头结点插入结点，其他方式读者可以自学。图 8-2 所示为从头结点插入结点的示意图。

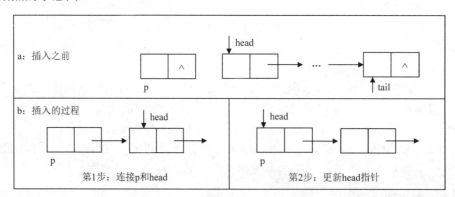

图 8-2　从头结点插入结点的示意图

从头结点向链表中插入结点时，首先，定义结点指针 p 和 Student 结构体的 stu 变量，根据要求通过 scanf 语句为 stu 变量中的 3 个成员赋值；然后，为指针 p 动态申请空间，并判断是否成功申请空间，运行语句 p->stu = stu;为结点指针 p 的数据元素赋值；最后，通过运行语句 p->next = head->next;，连接 p 和 head，即完成图 8-2 中第 1 步，通过运行语句 head->next = p;，更新 head 指针，即完成图 8-2 中的第 2 步。程序代码如下：

```
void Add(struct Node* head)
{
    struct Node* p;
```

```
    //输入新结点的数据
    struct Student stu;
    printf("Please input name, height, age: ");
    scanf("%s",stu.name);
    scanf("%f",&(stu.height));
    scanf("%d",&(stu.age));
    //清空缓冲区
    getchar();
    //从头结点插入数据
    p = (struct Node*)malloc(sizeof(struct Node));
    assert(p != NULL);
    p->stu = stu;
    p->next = head->next;
    head->next = p;
}
```

8.5.5 链表中的结点修改

本节主要实现对链表中结点的修改，其思路是，首先输入需要修改的学生姓名，然后将该输入的姓名与链表中已经存在的学生姓名进行比对，如果找到该学生，则对该学生的 3 个属性信息进行修改并返回；如果将链表中所有学生的姓名都进行了比对，仍未找到输入的学生，则输出 "Not find!"。函数中定义 char 型数组用于保存待修改学生的姓名；定义结点指针 p 先被初始化为 head->next，然后运行语句 p=p->next;，依次读取每个结点。

函数 Modify 的程序代码如下：

```
void Modify(struct Node* head)
{
    struct Node* p;
    char nameModified[50];
    printf("Please input the modified name: ");
    gets(nameModified);
    p = head->next;
    while(p != NULL)
    {
        if(!strcmp(p->stu.name, nameModified))
        {
            printf("Please input new name, height, age: ");
            scanf("%s",p->stu.name);
            scanf("%f",&(p->stu.height));
            scanf("%d",&(p->stu.age));
            return ;
        }
        p = p->next;
    }
    puts("Not find!");
}
```

8.5.6 链表中的结点删除

将链表中的结点删除与修改链表中的结点比较类似。其思想也是先输入需要删除的学生姓名，然后依次与链表中的学生姓名进行比对，找到需要删除的学生，通过修改指针的方法在链表中删除该学生的信息。

将函数 Delete 的参数设置为链表的头指针。函数体内定义 char 型数组用于接收被删除学生的姓名。函数体内还定义了 3 个结点指针 prev、p 和 temp，将 prev 和 p 指针分别初始化为 head 和 head 的下一个结点。利用 while 循环查找待删除的学生姓名，若进入 while 循环中的 if 语句块，则表示找到待删除的学生，利用 temp 指针保存当前的学生信息，运行语句 prev->next = p->next;后在链表中删除该学生的信息。利用函数 free 释放 temp 保存的信息，并且返回。如果运行完 while 循环仍未找到需要删除的学生信息，则输出 "Not find!"。

程序代码如下：

```
void Delete(struct Node* head)
{
    struct Node* prev, *p, *temp;
    char nameDeleted[50];
    printf("Please input the deleted name:");
    gets(nameDeleted);
    prev = head;
    p = prev->next;
    //查找数据，如果查询到，则在成功删除后 return
    while(p != NULL)
    {
        if(!strcmp(p->stu.name,nameDeleted))
        {
            temp = p;
            prev->next = p->next;
            printf("%s is deleted!\n",temp->stu.name);
            free(temp);
            return ;
        }
        prev = p;
        p = p->next;
    }
    puts("Not find!");//没有找到要删除的数据
}
```

定义完上述对链表的常用操作函数后，将在主函数中对每个函数的功能进行测试。程序代码如下：

```
int main(void)
{
    int i, n;
    struct Node* head;
    printf("Create the head of list.\n");
    head = Create();
```

```
        printf("Add three elements in the list.\n");
        printf("Please input n: ");
        scanf("%d", &n);
        getchar();
        for(i = 0; i < n; i++)
        {
            Add(head);
        }
        printf("Modify the elements.\n");
        Modify(head);
        Traverse(head);
        printf("Delete the elements.\n");
        getchar();
        Delete(head);
        Traverse(head);
        return 0;
    }
```

程序运行结果如下：

```
Create the head of list.
Add three elements in the list.
Please input n: 3
Please input name, height, age: 张三 1.6 20
Please input name, height, age: 李四 1.7 21
Please input name, height, age: 王五 1.8 22
Modify the elements.
Please input the modified name: 李四
Please input new name, height, age: 赵六 1.9 33
王五      1.8      22
赵六      1.9      33
张三      1.6      20
Delete the elements.
Please input the deleted name:王五
王五 is deleted!
赵六      1.9      33
张三      1.6      20
```

8.6 应 用 案 例

【案例】有理数由分子 nume 和分母 deno 两个成员组成，为了能够顺利完成对有理数的操作，将分子和分母都定义成整型变量，每完成一次运算都需要化简，从而保证分子和分母的最大公约数是 1。

程序代码如下：

```
#include <stdio.h>
struct Rational
{
    int nume;                    //分子
    int deno;                    //分母
```

```
};
void Print(struct Rational r)      //输出有理数
{
    printf("%d/%d\n", r.nume, r.deno);
}
int gcd(int a, int b)              //求两个数的最大公约数
{
    if(a % b == 0)
        return b;
    else
        return gcd(b, a % b);
}
//化简有理数
void Standardize(struct Rational* r)
{
    int t = gcd(r->nume, r->deno);
    r->nume /= t;
    r->deno /= t;
}
//有理数的加法
struct Rational Add(struct Rational a, struct Rational b)
{
    struct Rational temp;
    temp.nume = a.nume * b.deno + a.deno * b.nume;
    temp.deno = a.deno * b.deno;
    Standardize(&temp);
    return temp;
}
//有理数的减法
struct Rational Subtract(struct Rational a, struct Rational b)
{
    struct Rational temp;
    temp.nume = a.nume * b.deno - a.deno * b.nume;
    temp.deno = a.deno * b.deno;
    Standardize(&temp);
    return temp;
}
//有理数的乘法
struct Rational Multiple(struct Rational a, struct Rational b)
{
    struct Rational temp;
    temp.nume = a.nume * b.nume;
    temp.deno = a.deno * b.deno;
    Standardize(&temp);
    return temp;
}
//有理数的除法
struct Rational Divide(struct Rational a, struct Rational b)
{
```

```
        struct Rational temp;
        temp.nume = a.nume * b.deno;
        temp.deno = a.deno * b.nume;
        Standardize(&temp);
        return temp;
    }
    int main()
    {
        struct Rational a = {2, 3}, b = {4, 5};
        Print(Add(a, b));                //输出和
        Print(Subtract(a, b));           //输出差
        Print(Multiple(a, b));           //输出积
        Print(Divide(a, b));             //输出商
    }
```

在该例中，首先定义了 Rational 结构体，然后依次定义了函数 Print、gcd、Standardize、Add、Subtract、Multiple 和 Divide，最后在 main 函数中调用了后 4 个函数。

函数 Print 是按照分数的格式输出有理数，此处采用结构体 Rational 变量 r 作为参数。函数 gcd 是利用递归的方法计算分子和分母的最大公约数，为后面的函数 Standardize 化简做准备。函数 Standardize 是由结构体 Rational 指针变量作为参数，以便于返回化简之后的结果。接下来的 4 个函数是两个有理数依次完成加、减、乘、除运算，并将结果以返回值的方式返回。每次运算运行完之后，都需要调用函数 Standardize 对结果进行化简。

本 章 小 结

结构体和链表是 C 语言程序设计课程中比较重要的内容，后续数据结构课程中，会大量使用结构体、链表、队列、堆栈、树、图等。因此，掌握好链表的创建、增删改查等功能，是后续课程的学习基础。

本 章 习 题

一、单选题

1. 下列定义结构体变量的语句中，错误的是（　　）。

    A. struct person {int num; char name[20];} p;

    B. struct {int num; char name[20]; } p;

    C. struct person {int num; char name[20];}; person p;

    D. struct person {int num; char name[20];}; struct person p;

2. 定义 struct s {int x;　char y[6];} s1;，正确的赋值语句是（　　）。

    A. s1.y = "abc";   B. s1->y = "abc";

    C. strcpy(s1.y,"abc");   D. s1.strcpy(y,"abc");

3. 若有以下说明语句：

```
struct student {int age; int num;}std, *p; p = &std;
```
则下列对结构体变量 std 中成员 age 的引用，不正确的是（　　）。

    A. std.age   B. p->age   C. (*p).age   D. *p.age

4. 若有以下说明和语句，则下列表达式中，值为 1002 的是（　　）。

```
struct student {int age; int num;};
struct student stu[3] = {{1001, 20}, {1002, 19}, {1003, 21}};
struct student *p; p = stu;
```

    A. (p++)->num   B. (p++)->age   C. (*p).num   D. (*++p).age

5. 若有如下定义：

```
struct {int x; char *y;} tab[2] = {{1, "ab"}, {2, "cd"}}, *p = tab;
```

则语句 printf("%c", *(++p)->y); 的输出结果是（　　）。

    A. a   B. ab   C. c   D. cd

6. 已知学生记录的定义如下：

```
struct student {
    int no;
    char name[20];
    char sex;
    struct {
        int year;
        int month;
        int day;
    }birth;
};
struct student s;
```

假设变量 s 的生日应是"1988 年 5 月 10 日"，则下列生日赋值语句中，正确的是
（　　）。

    A. year = 1988; month = 5; day = 10;

    B. brith.year = 1988; birth.month = 5; birth.day = 10;

    C. s.year = 1988; s.month = 5; s.day = 10;

    D. s.birth.year = 1988; s.birth.month = 5; s.birth.day = 10;

7. 下列程序段的运行结果是（　　）。

```
#include <stdio.h>
struct n {int x; char c;};
void func(struct n b) { b.x = 20; b.c= 'y'; }
void main() {
    struct n a = {10, 'x'};
    func(a);
    printf ("%d,%c", a.x, a.c);
}
```
    A. 20, y   B. 10, x   C. 20, x   D. 10, y

8. 下列程序段的运行结果是（　　）。

```
struct Stu {
    int num;
    char name[10];
```

```
    } x[5] = {1,"Iris",2,"Jack",3,"John",4,"Mary",5,"Tom"};
    void main() {
        for (int i = 3; i < 5; i++)
            printf("%d%c", x[i].num, x[i].name[0]);
    }
```

  A. 3J4M5T   B. 4M5T   C. 3J4M   D. 1I2J3J

  9. 有以下结构体说明、变量定义和赋值语句，则下列 scanf 函数调用语句中，错误的是（   ）。

```
    struct STD {
        char name[10];
        int age;
        char sex;
    } s[5],*ps;
    ps = &s[0];
```

  A. scanf("%c", &(ps->sex));   B. scanf("%d", ps->age);

  C. scanf("%s", s[0].name);   D. scanf("%d", &s[0].age);

  10. 若有如下结构体数组定义：

```
    struct stu {
        char name[10];
        int age;
    }a[5] = {"ZHAO",14, "WANG",15, "LIU",16, "ZHANG",17};
```

则运行语句 printf("%d, %s",a[2].age, a[1].name)的结果为（   ）。

  A. 15, ZHAO   B. 16, WANG   C. 17, LIU   D. 17, ZHAO

二、编程题

  1. 编程实现图书管理系统，图书信息包括书名、作者、价格、出版社。请根据上述信息设计结构体，用来描述图书，并实现至少 3 本图书信息的输入和输出。

  2. 在编程题 1 的基础上，假定出版社信息有更详细的描述，包括出版社名称、地址、联系方式，请考虑用结构体嵌套方法重新定义图书，并编程实现至少 3 本书的输入和输出。

  3. 根据例 8-1 中的结构体，定义结构体数组，编程实现输入不少于 5 名学生的信息，根据学生的身高进行排序，并输出。

  4. 根据例 8-1 中的结构体，定义结构体数组，编程实现输入不少于 5 名学生的信息，然后输入一名学生的姓名，在数组中查找该名学生，并输出相应的信息，如果未找到，则输出未找到的提示信息。

  5. 根据例 8-1 中的结构体，定义结构体数组，编程实现输入不少于 5 名学生的信息，利用指向结构体指针的方法对数组按身高进行排序并输出。

  6. 根据例 8-1 中的结构体，定义结构体数组，编程实现输入不少于 5 名学生的信息，然后输入一名学生的姓名，利用指向结构体指针到数组中查找该学生，并输出相应的信息，如果未找到，则输出未找到的提示信息。

  7. 根据例 8-1 中的结构体，定义结构体数组，编程实现一个能够修改学生身高信息的函数，结构体变量作为参数，无返回值，在主函数中输出修改后的结构体。观察输出结果，并解释原因。

8. 根据例 8-1 中的结构体，定义结构体数组，编程实现一个能够修改学生身高信息的函数，指向结构体的指针作为参数，无返回值，在主函数中输出修改后的结构体。观察输出结果，并解释原因。

9. 根据例 8-1 中的结构体，定义结构体数组，编程实现一个能够修改学生身高信息的函数，指向结构体的指针作为参数，将修改后的结构体返回给主函数，在主函数中输出修改后结构体。观察输出结果，并解释原因。

第9章 文 件

程序处理的数据从何而来，得到的结果送到哪里去？前面设计的程序，数据都是从键盘输入，然后将结果数据输出到屏幕中。这些数据都存储在内存中，具有掉电丢失的特点。在实际应用系统中，对数据的要求是永久保存，也就是需要将这些数据保存在辅存设备中。文件（file）是存储在计算机辅助存储器中的信息集合的统称。每个文件都必须有一个文件名，如常见的 Word 文档、图片和 C 语言源文件都属于文件。

当计算机应用系统需要对大量的数据进行操作时，可以将这些数据提前通过编辑工具保存在文件中。在程序设计过程中一般遵循文件打开、文件读写、文件关闭的操作过程。

9.1 文 件 概 述

大部分程序都会有输入和输出，当这些数据数量不大时，可以通过键盘输入和屏幕输出。但是，如果需要处理大量数据，则需要使用到文件。文件是存储在非易失存储介质上的一组相关数据的有序集合。例如，当有大量数据输入时，可以提前将这些数据编辑保存为文件，程序可以从文件中读取这些数据。当多次运行该程序时，就不需要反复通过键盘输入了。

1. 文件的概念

操作系统是人们与计算机系统交互的入口，如 Linux、Windows 操作系统和 iOS 等。文件系统是操作系统中重要的组成部分，用于实现文件的按名存取。当用记事本软件新建一个文本，然后向其中输入相应内容后，单击"保存"按钮，操作系统会提示用户为这个文件取一个文件名。这个文件最终会存储到计算机磁盘的某个具体位置（磁道、扇区等），这个位置用户不用去记忆，只需记住包含文件名的路径。操作系统的文件系统负责将该文件名和具体的磁盘位置记录下来，下次用户需要再次打开该文件时，文件系统就会去这个位置把文件里的信息调入内存，显示在屏幕上。文件是具有文件名的存储在外部介质（如磁盘、光盘、U 盘等）上的有序数据集合，是文件系统管理的基本对象。这里文件的概念与文件中的内容无关，强调的是一种存储方式。文件可以是人们编写的程序源文件、音乐文件、图片文件，也可以是编译器为了运行源代码生成的目标文件、可运行文件等，也可以是操作系统自带的各种系统文件。

无论是 Windows、Linux 还是 Android、iOS 环境，都会为用户提供软件或 APP 来打开和处理文件。操作系统实际上会为每个文件提供内存缓冲区，APP 编辑文件内容是在缓冲区中进行，当缓冲区满或用户单击"保存"按钮才将缓冲区内容写回到外部存储器中。这就是为什么 Word 软件如果突然无法响应时，下次打开会发现刚刚编辑的一些内容可能已经丢失了。在程序设计语言中，也提供了若干函数接口来访问文件。例如，要实现学生成绩管理系统，在输入了大量学生成绩后，可以用前面章节所学的排序算法进行总分排名，然后将排名好的学生信息存储到一个文件永久保存。通常这种文件称为数据文件。

2. 文件分类

在 C 语言中，数据文件按照存储的编码方式分为文本文件和二进制文件两种。文本文件也称为 ASCII 文件，将内容当作字符看待，存储每个字符的 ASCII 码值。二进制文件则是直接存储数据的二进制。例如，要存储十进制数 1234，如果存储为文本文件，则将 1234 拆成四个字符('1', '2', '3', '4')，将这 4 个字符对应的 ASCII 码值存储到文件中。如果要存储为二进制文件，则直接存储 1234 的补码到文件中。图 9-1 所示为这两个格式的存储方式。

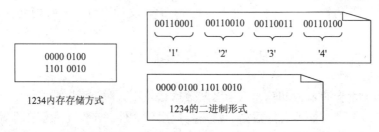

图 9-1　十进制数据 1234 在文本文件和二进制文件中的存储内容

不难看出，相对于文本文件，二进制文件占用的存储空间更小，由于不需要编码，因此存储速度也更快。然而，文本文件内容能被大部分的编辑软件识别并直接显示在屏幕上，如记事本可以直接打开 C 语言源程序。如果让记事本打开一个二进制文件，则会显示乱码。一般情况下，扩展名是.txt、.c、.cpp、.h、.hpp、.ini 等的文件大多是文本文件；扩展名是.exe、.dll、.lib、.dat、.doc、.tif、.gif、.bmp 的文件大多是二进制文件。

9.2　文　件　指　针

在 C 语言程序设计中，对于文件的操作函数，首先需要一个数据结构来表示该文件的相关信息，如文件名、缓冲区状态、当前读写位置等。这个数据结构就是结构体 FILE，它定义在头文件 stdio.h 中，一般形式如下：

```
typedef struct{
    short level;                //缓冲区"满"或"空"的标志
    unsigned flage;             //文件状态标志
    char fd;                    //文件描述符
    unsigned char hold;         //如缓冲区无内容，不读取字符
    short bsize;                //缓冲区大小
    unsigned char *buffer;      //缓冲区地址
    unsigned char *curp;        //当前读写位置
```

```
    unsigned istemp;                //临时文件标志
    short token;                    //用于有效性检查
}FILE
```

C 语言操作一个文件就会为该文件建立一个 FILE 结构体，通过该结构体，为程序员提供文件指针及各种文件操作函数，如读文件和写文件。指向 FILE 结构体的指针也称为文件指针，定义为 FILE * fp。这个 fp 指针代表一个文件，程序员对文件的任何操作都离不开这个文件指针。C 语言标准函数库提供了 fp 的各种文件操作函数，如打开、关闭、读、写和定位等。

9.3　文件打开与关闭

C 语言程序进行文件读/写操作之前一定要先打开这个文件，也就是将 fp 能指向该文件的 FILE 结构体。应用系统对文件操作的需求一般符合打开文件→读/写文件→关闭文件的流程。如果将文件类比为一个房间，那么打开操作就是获得这个房间钥匙然后将房门打开；读/写操作就是在房间里做事情；关闭操作就是关门。如果忘记关门那就意味着这个房间的物品有可能丢失或扰乱。

1. 文件的打开

在 C 语言中，fopen 函数用来打开一个文件。其函数原型如下：

```
    FILE * fopen(char *filename, char *mode);
```

函数原型各参数说明如下。

filename：字符串类型，要打开的文件名。文件名可以称为路径。

mode：字符串类型，打开文件的方式。打开方式由两部分字符组成：操作方式字符和文件类型字符。操作方式又分为可读（r）、可写（w）、尾部追加（a）、读可写（+）。文件类型又分为文本文件（t）、二进制文件（b）。其中 t 类型可以省略不写，为默认方式。

如果文件打开成功，则返回指向该文件 FILE 结构体的指针，如果打开失败（如文件不存在、以文本方式打开一个二进制文件等），则返回 NULL。

fopen 函数第二个参数 mode 用于设置文件的打开方式，如表 9-1 所示。打开的文件都有一个读写位置指针。它标识后续的读或写操作从文件哪里开始。本文把这个位置指针记为 pos，请注意它与 fp 指针是完全不同的概念。

表 9-1　文件打开方式

文件类型	打开方式（mode）	含义
文本文件	r 或 rt	打开一个文本文件，只允许读数据，pos 指向文件开头，文件不存在则报错
	w 或 wt	打开/新建一个文本文件，只允许写数据，pos 指向文件开头，如果文件存在则清除已有内容，如果文件不存在则新建该文件
	a 或 at	追加打开一个文本文件，pos 指向文件尾部，如果文件不存在则新建该文件
	r+或 rt+	打开一个文本文件，允许读和写，pos 指向文件开头，文件不存在则报错
	w+或 wt+	打开一个文本文件，允许读和写，pos 指向文件开头，文件不存在则新建该文件

续表

文件类型	打开方式 （mode）	含义
文本文件	a+或at+	打开一个文本文件，允许读和写。当读时，pos 指向文件开头；当写时，pos 指向文件尾部；当文件不存在时，则新建该文件
二进制文件	rb	打开一个二进制文件，只允许读数据，pos 指向文件开头，文件不存在则报错
	wb	打开/新建一个二进制文件，只允许写数据，pos 指向文件开头，如果文件存在则清除已有内容，如果文件不存在则新建该文件
	ab	追加打开一个二进制文件，pos 指向文件尾部，如果文件不存在则新建该文件
	r+b	打开一个二进制文件，允许读和写，pos 指向文件开头，文件不存在则报错
	w+b	打开一个二进制文件，允许读和写，pos 指向文件开头，文件不存在则新建该文件
	a+b	打开一个二进制文件，允许读和写。当读时，pos 指向文件开头；当写时，pos 指向文件尾部；当文件不存在时，则新建该文件

fopen 函数使用时需要注意以下两点。

（1）要对 fopen 函数的返回值进行判断，一般形式如下：

```
FILE *fp;
fp = fopen("d:\\student.txt", "r");
if( fp == NULL ){
    perror("fopen error");
    exit(-1);
}
```

该段程序实现以只读方式打开 d 盘上的文本文件 "student.txt"，其中，perror 函数用于打印 fopen 函数的出错原因；exit 函数用于程序退出，参数为退出码。例如，如果文件不存在，程序运行结果为 "fopen error: No such file or directory"。

（2）操作系统会自动打开 3 个标准设备文件，供程序员直接使用。

stdin：标准输入文件指针，一般为键盘。

stdout：标准输出文件指针，一般为显示器。

stdout：标准错误文件指针，一般为显示器。

2. 文件的关闭

文件使用完毕后需要及时关闭，C 语言提供的文件关闭函数为 fclose。其函数原型如下：

```
int fclose( FILE *filepointer );
```

其中，filepointer 是指向待关闭文件的文件指针，一般是 fopen 函数的返回值。

如果正常关闭文件，则返回 0，否则返回非 0。

【例 9-1】打开和关闭名为 "student" 的文件。

程序代码如下：

```
#include <stdio.h>
int main(void)
{
```

```
    FILE *fp;
    fp = fopen("student ", "r+");
    if( fp == NULL ){
        perror("fopen error");
        exit(-1);
    }
     ……                    //对文件的读写或其他操作
    fclose(fp);
    return 0;
}
```

C 语言函数向文件写数据时，实际上是先将内容写入文件对应的缓冲区，等缓冲区满再整体写入磁盘。如果程序完成后缓冲区还没有满，fclose 函数会强制将当前缓冲区中的内容写入磁盘，并释放文件指针及其他系统资源，防止文件内容被损坏和丢失。

9.4　文件的读与写

C 语言提供了多种文件的读写函数，可以分为以下 4 种。

（1）字符读写函数：fgetc 和 fputc。

（2）字符串读写函数：fgets 和 fputs。

（3）格式化读写函数：fscanf 和 fprintf。

（4）数据库读写函数：fread 和 fwrite。

9.4.1　字符读写函数 fgetc 和 fputc

1. 文件的字符读函数 fgetc

fgetc 函数用来从一个文件中读取一个字符（字节）。其函数原型如下：

```
    int  fgetc(FILE *filepointer);
```

该函数原型的含义是从文件 filepointer 中读取一个字符。filepointer 一般是 fopen 函数的返回值。

如果读取正常，则返回读取的字符；　如果已经到达文件尾部或出错，则返回 EOF 宏，EOF 在 stdio.h 文件中定义为-1。

fgetc 函数使用时需要注意以下两点。

（1）要保证 fopen 函数的第二个参数 mode 包含可读属性，否则即使文件存在并且有内容，也无法被读取。

（2）成功读取一个字符后，文件的读写位置指针 pos 会自动向后移动一个字节。假设某文件中存储了字符串"hello"，以只读方式打开后，pos 指针指向字符 h，第一次调用 fgetc 函数会读字符 h，同时 pos 指针指向字符 e，如果再次调用 fgetc 函数则会读取字符 e，并将 pos 指向字符 l，以此类推。

2. 文件的字符读函数

fputc 函数用来将一个字符（字节）写入一个文件。其函数原型如下：

```
int  fgetc( int c, FILE *filepointer);
```

该函数原型的含义是将字符 c 写入文件 filepointer。filepointer 一般是 fopen 函数的返回值。

如果写入正常，则返回写入的字符，否则返回 EOF 宏。

fputc 函数使用时需要注意以下两点。

（1）保证 fopen 函数的第二个参数 mode 包含可写属性，否则无法写入。

（2）成功写入一个字符后，文件的读写位置指针 pos 会自动向后移动一个字节。这与 fgetc 函数类似。

【例 9-2】读取文件 1 的内容并显示到屏幕上，同时将其备份到文件 2 中，其中文件 1 和文件 2 的文件名通过程序参数输入。

【分析】首先，需要通过命令行参数的方式获得文件 1 和文件 2 的文件名，根据需求确定打开文件的方式；然后，依次读取文件 1 中的每个字符，并将字符输出到屏幕上，同时将字符写入文件 2，直到文件尾部。怎么判断已到达文件尾部呢？除了对这个字符判断是否为 EOF，还可以使用库函数 feof 来判断。后面的代码将使用 feof 函数来判断是否到达文件尾部。另一种判断方式，读者可以自行尝试修改。

程序代码如下：

```
1.  #include <stdio.h>
2.  int main(int argc, char *argv[])
3.  {
4.      FILE *input_fp, *output_fp;
5.      char ch;
6.      int i;
7.      if( argc != 3 ) {
8.          printf("the number of arguments is wrong!\n");
9.          printf("usage: executefile  inputfile_name outputfile_
               name\n");
10.         exit(-1);
11.     }
12.     input_fp = fopen(argv[1], "r");
13.     if( input_fp == NULL ){
14.         perror("open input file error");
15.         exit(-1);
16.     }
17.     output_fp = fopen( argv[2], "w");
18.     if( input_fp == NULL ){
19.         perror("open output file error");
20.         exit(-1);
21.     }
22.     while( !feof(input_fp)){
23.         ch = fgetc(input_fp);
```

```
24.        putchar(ch);
25.        fputc(ch, output_fp);
26.    }
27.    printf("\ncopy finish!\n");
28.    fclose(input_fp);
29.    fclose(output_fp);
30.    return 0;
31. }
```

程序解释：

（1）包括程序名本身，本程序需要 3 个命令行参数，其中第 2 个和第 3 个参数分别是复制操作的源文件和目标文件。如果参数的数量不对，则给出出错提示，程序退出（7～11 行）。

（2）源文件以只读方式打开，读写位置指针 pos 指向文件开头，目标文件以只写方式打开，读写位置指针 pos 也指向文件开头，两个文件有任何一个打开失败，程序退出（12～21 行）。

（3）用 feof(FILE *)来判断 pos 指针是否指向文件尾部，该函数返回"真"，则表示已经到达文件尾部，返回"假"，则还未到达文件尾部。通常使用表达式 !feof(fp) 作为循环判断条件（22 行）。

（4）在文件复制过程中，只要源文件的 pos 指针还没有指向文件尾部，每次从源文件读取一个字符，输出到屏幕的同时还会写入目标文件。每次读和写，源文件和目标文件的 pos 指针都会自动向后移（22～26 行）。

（5）文件复制结束后需要关闭源文件和目标文件（28～29 行）。

需要再次向读者强调文件指针 FILE *和文件读写位置指针 pos 的区别。文件指针变量是指向这个文件对象，需要程序员去定义，并通过 fopen 函数赋值。赋值成功后不会再改变它直到文件关闭。pos 这个名称只是编者为了帮助读者理解自己取的一个名称，fopen 函数调用后，这个指针是有默认赋值的。每次读/写操作完成后，系统会自动将它向后移。当程序员需要将这个 pos 指针指向其他位置时，可以借助 9.5 节介绍的定位函数来实现。

9.4.2　字符串读写函数 fgets 和 fputs

1. 字符串读函数 fgets

fgets 函数用来从一个文件中读取指定长度的字符串。其函数原型如下：

```
char *fgets( char *s,  int n, FILE *filepointer);
```

该函数原型的含义是从文件 filepointer 中读取不超过 n-1 字节长度的字符串，保存在 s 地址中，并在字符串结尾自动添加字符串结束标志'\0'。

如果读取正常，返回读取的字符串指针，如果已经到达文件尾部或出错，则返回 NULL。

fgets 函数使用时需要注意：如果文件中的字符串不足 n-1 个或遇到换行符，则读取实际能读取到的字符串，同时读写位置指针向后移动实际字符数，s 中存储实际读到字符串和结束标志'\0'。

2. 字符串写函数 fputs

fputs 函数原型如下：

```
int fputs(char *s, FILE *filepointer);
```

该函数原型的含义是将字符串 s 写入文件 filepointer，并且将读写位置指针向后移动实际写入字节数。

如果写入正常，返回最后写入文件的字符，否则返回 EOF 宏。

fputs 函数使用时需要注意：字符串 s 的最后一个结束标志'\0'不会写入文件。

【例 9-3】将用户输入的字符串以追加方式写入文件 record.txt 中新的一行，然后将 record.txt 文件中所有内容按字符串方式读出，并显示到屏幕上。

【分析】可以把题目分解为两个过程：字符串追加写和读。首先，以追加写的方式打开文件，提示用户输入一个字符串，写入 record.txt 文件，再关闭文件。然后，以只读方式打开 record.txt 文件，读取其所有内容，并显示到屏幕上，关闭文件。

程序代码如下：

```
1.  #include <stdio.h>
2.  int main(int argc, char *argv[])
3.  {
4.      FILE *fp;
5.      char str[100];
6.      fp = fopen( "record.txt", "a");
7.      if( fp == NULL ){
8.          perror("open file error");
9.          exit(-1);
10.     }
11.     printf("please input string:");
12.     scanf("%s",str);
13.     fputc('\n',fp);
14.     fputs(str,fp);
15.     fclose(fp);
16.     fp = fopen("record.txt","r");
17.     if( fp == NULL ){
18.         perror("open file error");
19.         exit(-1);
20.     }
21.     while(!feof(fp)){
22.         fgets(str, 100, fp);
23.         printf(str);
24.     }
25.     fclose(fp);
26.     return 0;
27. }
```

程序解释：

（1）以追加方式打开文件，这样写入的字符串不会覆盖文件已有内容（6～10 行）。

（2）提示用户输入字符串，并将其保存在 str 数组中。首先向文件写入一个换行符，实现用户输入的字符串能写入到文件新的一行，然后调用 fputs 函数写入字符串，最后关闭文件（11～15 行）。

（3）以只读方式打开文件 record.txt，此时文件读写位置指针指向文件开头（16～20 行）。

（4）通过包含 feof 条件表达式的 while 循环语句，依次把文件中的所有字符串从 str 数组中读出，并输出到屏幕上，最后关闭文件（21～25 行）。

【思考】为什么打开了两次，能否省略第一次的关闭文件和第二次的打开文件？

假设文件 recored.txt 本来有如下内容：

```
zhangsan
lidong
```

程序运行结果如下：

```
please input string:wangmei
zhangsan
lidong
wangmei
Process returned 9 (0x0)  execution time:
Press any key to continue.
```

程序运行后，文件 recored.txt 的内容如下：

```
zhangsan
lidong
wangmei
```

9.4.3　格式化读写函数 fscanf 和 fprintf

前面两组函数是按字符编码来读写文件，如果需要读写其他格式的数据，如整型、浮点型数据，可以使用 fscanf 函数和 fprintf 函数。这两个函数与前面学习的 scanf 函数和 printf 函数非常类似。scanf 函数操作对象是标准输入文件（stdin），一般是键盘；printf 函数操作对象是标准输出文件(stdout)，一般是屏幕。

1. 格式化读函数 fscanf

fscanf 函数原型如下：

```
int fscanf( FILE *filepointer, const char *format[, address, …] );
```

该函数原型的含义是从文件 filepointer 中按照 format 格式读取数据，存放到 address 指向的内存空间。format 和 address 参数的具体含义与 scanf 函数完全相同。

如果读取正常，则返回读取的数据项个数；如果已经到达文件尾部或读取出错，则返回 EOF 宏。

2. 格式化写函数 fprintf

fprintf 函数原型如下：

```
int fprintf(FILE *filepointer, const char *format[, address, …]);
```

该函数原型的含义是将字符串 s 写入文件 filepointer，并且将读写位置指针向后移动实际写入的字节数。

如果写入正常，返回最后写入文件的字符，否则返回 EOF 宏。

【例 9-4】将若干学生信息输入文件 student.txt 中，信息内容：学号（无符号整型）、姓名（字符串）和成绩（浮点型）。学号为 0 时表示输入结束。

【分析】采用循环结构，在循环体内部通过 fprintf 函数将不同类型的数据写入文件，如果学号为 0，则跳出循环。

程序代码如下：

```
1.  #include <stdio.h>
2.  int main(int argc, char *argv[])
3.  {
4.      FILE *fp;
5.      unsigned int no;              //学号
6.      char name[20];                //姓名
7.      float score;                  //成绩
8.      char str[100];
9.      fp = fopen("student.txt", "w");
10.     if( fp == NULL ){
11.         perror("open file error");
12.         exit(-1);
13.     }
14.     while( 1 )
15.     {
16.         printf("please input student id:");
17.         scanf("%d", &no);
18.         if( no == 0 )
19.           break;
20.         fprintf(fp,"%d\t",no);
21.         printf("please input name:");
22.         scanf("%s", name);
23.         fprintf(fp, "%s\t", name);
24.         printf("please input name:");
25.         scanf("%f", &score);
26.         fprintf(fp, "%f\n", score);
27.     }
28.     fclose(fp);
29.     return 0;
30. }
```

程序解释：

（1）定义 3 个变量来临时存储每次从键盘输入的学号、姓名和成绩信息。以只写方式打开文件（5～13 行）。

（2）循环体内部先提示用户输入学号，并保存到 no 变量中，如果学号为 0，则结束循环（16～19 行）。

（3）当学号不为 0 时，将学号按十进制整数格式写入文件，继续提示用户输入姓名和成绩，保存到对应变量中，然后按各自格式写入文件（20～26 行）。

（4）关闭文件，然后退出程序（28～29 行）。

使用 fprintf 函数写入的文件，可以用记事本打开查看其内容。

程序运行结果如下：

```
please input student id:10001
please input name:zhang
please input name:98.5
please input student id:10002
please input name:wang
please input name:70
please input student id:0
```

运行程序后，文件 student.txt 中的内容如下：

```
10001    zhang    98.500000
10002    wang     70.000000
```

9.4.4　数据块读写函数 fread 和 fwrite

C 语言还提供了二进制文件的读函数 fread 和写函数 fwrite。二进制文件中的数据流是非字符的，它直接存储数据的二进制格式。文本文件是将数据先按照某种格式（ASCII 或者 Unicode）编码，再存储起来。这两个函数一般用于一组数据（指定字节数量）的读写，如数组、单个结构体变量、结构体数组等。需要注意，用这两个函数之前，打开文件函数 fopen 中第二个参数要选择表 9-1 中的二进制文件模式。

1. 数据块读函数 fread

fread 函数原型如下：

```
int fread( void *buffer, unsigned size, unsigned n, FILE *filepointer );
```

该函数原型的含义是从文件 filepointer 中读取 n 个数据项（每个数据项大小为 size（字节））到 buffer 指针所指向的内存空间，假设实际读取了 m（m≤n）个数据项，同时将 filepinter 的读写位置指针 pos 向后移动 m*size 个字节。

如果读取成功，返回实际读取的数据项数量（不是字节数），如果已经到达文件尾部或读取出错，则返回 0。

fread 函数使用时需要注意以下 3 点。

（1）buffer 指向的内存空间要足够装下 n 个数据项。

（2）由于是从二进制文件读取数据，因此 buffer 内的数据不能直接用 printf 函数显示到屏幕上。

（3）参数 n 是希望读取的数据项的数量，但文件中包含的数据项数量可能小于 n，则实际读取的数据项可能小于 n 个。

2. 格式化写函数 fwrite

fwrite 函数原型如下：

```
int fwrite( void *buffer, unsigned size, unsigned n, FILE *filepointer);
```

该函数原型的含义是从 buffer 指针指向的内存空间中读取 n 个数据项（每个数据项大小为 size 字节），到文件 filepointer 中，假设实际读取了 m（m≤n）个数据项，同时将 filepinter 的读写位置指针 pos 向后移动 m*size 字节。如果写入成功，则返回实际写入的数据项数量（不是字节数），如果写入出错，则返回 0。

fwrite 函数使用时需要注意以下两点。

（1）因为文件是二进制格式，所以文件写入成功后，不能直接用记事本、写字板等字符编辑软件打开阅读，会出现乱码。

（2）参数 n 是希望写入的数据项的数量，但 buffer 中包含的数据项数量可能小于 n，则实际写入的数据项可能小于 n 个。

二进制文件的读写效率一般比文本文件高，因为它不需要进行字符编码和解码。打开的二进制文件不能用记事本、写字板等字符编辑软件新建，它一般在程序中写入二进制数据。二进制文件不能直接用字符编辑软件打开，因此从某种程度上来说，安全性更高。

【例 9-5】定义结构体保存学生信息，从键盘输入若干学生信息，并保存为结构体数组写入文件 student.dat。重新打开文件，读取结构体数组，用户输入要查找的学生学号，如果找到该学号的信息，将该学生所有信息输出到屏幕上，否则提示没有该学生。

【分析】首先采用循环结构构造出结构体数组，然后使用 fwrite 函数写入文件。重新以只读方式打开文件后，使用 fread 函数读取文件中的学生信息并保存到结构体数组中，然后遍历该数组，根据学号查找该数组符合条件的学生信息。

程序代码如下：

```c
1.  #include <stdio.h>
2.  #define MAX_NUM 80
3.  struct Student_Info{
4.      unsigned int no;        //学号
5.      char name[20];          //姓名
6.      float score;            //成绩
7.  };
8.  typedef struct Student_Info STUDENT;
9.  int main(int argc, char *argv[])
10. {
11.     FILE *fp;
12.     STUDENT input[MAX_NUM], output[MAX_NUM];
13.     int i,n,no;
14.     printf("请输入学生人数:");
15.     scanf("%d",&n);
16.     for( i = 0; i < n; i++ )
```

```
17.        {
18.             printf("请输入第%d个学生学号:",i+1);
19.             scanf("%d", &input[i].no);
20.             printf("请输入第%d个学生姓名:",i+1);
21.             scanf("%s", input[i].name);
22.             printf("请输入第%d个学生成绩:",i+1);
23.             scanf("%f", &input[i].score);
24.        }
25.        fp = fopen("student.dat", "wb+");
26.        fwrite(input,sizeof(STUDENT),n,fp);
27.        rewind(fp);
28.        fread(output,sizeof(STUDENT),n,fp);
29.        printf("请输入要查找的学号:");
30.        scanf("%d",&no);
31.        for(i = 0;i<n;i++)
32.        {
33.            if( output[i].no == no )
34.                break;
35.        }
36.        if(i < n)
37.            printf("found, name:%s,score:%.1f\n",output[i].name,
                        output[i].score);
38.        else
39.            printf("No found\n");
40.        fclose(fp);
41.        return 0;
42. }
```

程序解释:

（1）定义结构体 STUDENT 来保存一个学生的完整信息（3～8 行）。

（2）采用循环结构将键盘输入的学生信息存入结构体数组 input（16～24 行）。

（3）以读写方式打开文件，将 input 数组整块写入文件，rewind 函数是将文件读写位置指针指向文件开头，以便于 fread 函数从文件开头整块读取文件内容到数组 output 中（25～28 行）。

（4）在循环结构中遍历数组 output，判断数组元素是否与要查找的学号一致，若一致则显示信息，否则提示没找到，最后关闭文件（31～40 行）。

9.5　文　件　定　位

从文件打开和读写函数中可知，通常文件打开后，系统会产生该文件的读写位置指针 pos。这个 pos 一般指向文件开头或文件尾部。文件读或写了几个字节后，它也会随之向后移动对应字节。这种顺序读写方式有时无法满足实际需求。例如，需要继续观看上一次没有看完的影片时，播放器需要直接跳到文件的某个位置开始读。文件系统提供了改变读写位置指针 pos 的函数，称为文件的定位函数。本节介绍 3 个主要的定位函数：rewind、fseek 和 ftell。

1. rewind 函数

rewind 函数原型如下：

```
void rewind(FILE *filepointer);
```

该函数原型的作用是将 filepointer 的读写位置指针 pos 设置为文件开头。该函数原型无返回值。rewind 函数运行效果如图 9-2 所示。

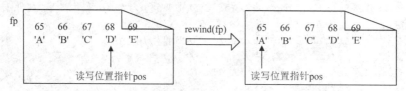

图 9-2　rewind 函数运行效果图

2. fseek 函数

fseek 函数原型如下：

```
int fseek(FILE *filepointer, long offset, int whence);
```

该函数原型的含义是，将 filepointer 的读写位置指针 pos 移动到距离 whence offset 字节的新位置。whence 可以从 3 个常量中选取。offset 如果是非负，则表示新位置在 whence 的后面；如果为负，则表示在 whence 的前面。

定位成功返回 0，失败返回非 0。

fseek 函数的第三个参数 whence 决定了第二个参数从哪个位置开始计算偏移，具体含义如表 9-2 所示。

表 9-2　whence 参数的取值及其含义

whence 的常量值	取值	含义
SEEK_SET	0	文件开头的位置
SEEK_CUR	1	文件当前 pos 指针位置
SEEK_END	2	文件尾部的位置

如图 9-3 所示，假设某个文件读写位置指针 pos 正指向某个位置，调用 fseek(fp, -3, SEEK_CUR)后，pos 指针将向前移动 3 个字节。

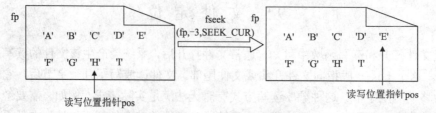

图 9-3　fseek 函数运行效果图

3. ftell 函数

ftell 函数原型如下：

```
long ftell(FILE *filepointer);
```

该函数原型的含义是，得到 filepointer 读写位置指针 pos 距离文件开头的偏移字节数。定位成功，返回指针 pos 距离文件开头的偏移字节数；失败则返回-1L。

【例 9-6】计算某个文件的大小（单位为字节），文件名通过 main 函数参数输入。

【分析】首先，通过 fseek 函数将文件读写位置指针 pos 移动到文件尾部；然后，调用 ftell 函数获取文件大小。

程序代码如下：

```
1.  #include <stdio.h>
2.
3.  int main(int argc, char *argv[])
4.  {
5.      FILE *fp;
6.      long int filesize;
7.      fp = fopen(argv[1], "rb");
8.      if(fp == NULL){
9.          perror("open file error");
10.         exit(-1);
11.     }
12.     fseek(fp, 0, SEEK_END);
13.     filesize = ftell(fp);
14.     if(filesize!=-1)
15.         printf("file size:%ld\n",filesize);
16.     else
17.         printf("ftell error\n");
18.     fclose(fp);
19.     return 0;
20. }
```

9.6　应　用　案　例

【案例】新建文件 student.txt，输入若干名学生的学号、姓名、成绩和登录密码 4 项信息。其中，登录密码采用凯撒加密方式加密，密钥由用户输入。输入信息后，提供两种用户服务：查询成绩和修改密码。

【分析】该案例需要提供较多功能，可以分解为多个子函数来实现。InputInfomation 函数实现学生信息的输入功能；QueryScore 函数实现通过学号查询成绩功能；ModifyPasswd 函数实现修改密码并更新到文件中的功能。为了给用户提供良好的交互方式，还可以提供一个类似菜单的功能，将 3 个功能编号后显示在屏幕上，用户通过输入编号确定希望得到的服务。菜单功能由函数 GetChoice 来实现。密码的加密函数 Encrypt

直接引用第 8 章中的相关代码。因此，该案例的流程图如图 9-4 所示。

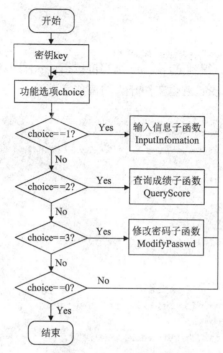

图 9-4　综合案例流程图

程序代码如下：

```
1.   #include <stdio.h>
2.   #define FILENAME "student.txt"
3.   int key = 0;
4.   char *Encrypt(char str[], int key);
5.   int GetChoice(void);
6.   void InputInfomation(void);
7.   void QueryScore(void);
8.   void ModifyPasswd(void);
9.
10.  int main(int argc, char *argv[])
11.  {
12.
13.      int choice;
14.
15.      printf("please input key:");
16.      scanf("%d",&key);
17.
18.      while( (choice = GetChoice()) != 0 )
19.      {
20.          switch(choice){
21.      case 1:                    //输入信息
22.          InputInfomation();
23.          break;
```

```
24.        case 2:                    //查询成绩
25.            QueryScore();
26.            break;
27.        case 3:                    //修改密码
28.            ModifyPasswd();
29.            break;
30.        }
31.
32.    }
33.    return 0;
34. }
35.
36. char *Encrypt(char str[], int key)
37. {
38.    char *cstr;
39.    cstr = str;
40.    while (*cstr != '\0')
41.    {
42.        if (*cstr >= 'A' && *cstr <= 'Z')
43.            *cstr = 'A' + (*cstr - 'A' + key) % 26;
44.        if (*cstr >= 'a' && *cstr <= 'z')
45.            *cstr = 'a' + (*cstr - 'a' + key) % 26;
46.        cstr++;
47.    }
48.    return str;
49. }
50.
51. int GetChoice(void)
52. {
53.    int choice;
54.    printf("1:Input Information for students\n");
55.    printf("2:Query Score by student id\n");
56.    printf("3:Modify the Password\n");
57.    printf("Input your choice:\n");
58.    scanf("%d",&choice);
59.    return choice;
60. }
61. void InputInfomation(void)
62. {
63.    FILE *fp;
64.    unsigned int no;              //学号
65.    char name[20];                //姓名
66.    float score;                  //成绩
67.    char passwd[20];              //输入密码
68.    char passwd_encrypt[20];      //加密后密码
69.    fp = fopen(FILENAME, "w");
70.    if( fp == NULL ){
71.        perror("open file error");
72.        exit(-1);
```

```
73.      }
74.     while( 1 )
75.     {
76.         printf("please input student id:");
77.         scanf("%d", &no);
78.         if( no == -1 )
79.             break;
80.         fprintf(fp,"%d\t",no);
81.         printf("please input name:");
82.         scanf("%s", name);
83.         fprintf(fp, "%s\t", name);
84.         printf("please input score:");
85.         scanf("%f", &score);
86.         fprintf(fp, "%f\t", score);
87.         printf("please input password:");
88.         scanf("%s", passwd);
89.         strcpy(passwd_encrypt, Encrypt(passwd, key));
90.         fprintf(fp, "%s\n", passwd_encrypt);
91.     }
92.     fclose(fp);
93.     return;
94. }
95. void QueryScore(void)
96. {
97.     FILE *fp;
98.     unsigned int no;            //学号
99.     char name[20];              //姓名
100.    float score;                //成绩
101.    char passwd[20];            //密码
102.
103.    unsigned int query_no;      //学号
104.    printf("please input the query student id:");
105.    scanf("%d", &query_no);
106.    fp = fopen(FILENAME, "r");
107.    if( fp == NULL ){
108.        perror("open file error");
109.        exit(-1);
110.    }
111.    while (!feof(fp))
112.    {
113.        fscanf(fp,"%d%s%f%s",&no,name,&score,passwd);
114.        if(no == query_no )
115.        {
116.
117.            printf("Found, the score is: %.1f\n ",score);
118.            fclose(fp);
119.            return;
120.        }
121.
```

```
122.        }
123.        printf("Not Found\n ");
124.        fclose(fp);
125.        return;
126.
127. }
128. void ModifyPasswd(void)
129. {
130.        FILE *fp;
131.        unsigned int no;              //学号
132.        char name[20];                //姓名
133.        float score;                  //成绩
134.        char passwd[20];              //密码
135.        char password_new[20];        //密码
136.        unsigned int query_no;        //学号
137.        printf("please input the modify student id:");
138.        scanf("%d", &query_no);
139.        fp = fopen(FILENAME, "r");
140.        if( fp == NULL ){
141.            perror("open file error");
142.            exit(-1);
143.        }
144.        while(!feof(fp))
145.        {
146.            fscanf(fp,"%d%s%f",&no,name,&score);
147.            if(no == query_no )
148.            {
149.
150.                printf("Found, please input the new password:");
151.                scanf("%s",password_new);
152.                printf("new_passwod = %s\n",password_new);
153.                strcpy(passwd,Encrypt(password_new, key));
154.                printf("passwd = %s\n",passwd);
155.                fprintf(fp,"%s",passwd);
156.                printf("Modify successfully!\n");
157.                fclose(fp);
158.                return;
159.            }else
160.                fscanf(fp, "%s",passwd);
161.
162.        }
163.        printf("Not Found\n ");
164.        fclose(fp);
165.        return;
166. }
```

运行程序，输入一名学生的信息，运行如下：

```
please input key:5
1:Input Information for students
2:Query Score by student id
```

```
3:Modify the Password
Input your choice:
1
please input student id:1000
please input name:zhang
please input score:90.5
please input password:abc
```

用记事本打开对应文件，其信息如图 9-5 所示。

```
10001    zhang    90.500000    fgh
```

图 9-5　记事本中的文件信息

不难看出，用户输入的密码为"abc"，经过密钥为 5 的凯撒加密后，密码变为"fgh"保存在文件中，增加了安全性。本代码中提供了 3 个功能，读者可以进一步扩展，增加更多功能或者改变加密算法等，使其更具有实用性。

本 章 小 结

文件的操作对于数据持久化存储具有重要作用，是实际软件开发中必不可少的部分。对文件的操作通常遵循"文件的打开或新建→文件的读或写→文件的关闭"流程。C 语言中，使用 fopen 函数打开或新建一个文件，该函数会返回文件指针类型。根据文件数据类型可以选择不同的读写函数：fgetc/fputc(单个字符)、fgets/fputs（文本行）、fscanf/fprintf（格式化类型）和 fread/fwrite（二进制）。需要注意的是，文件打开方式中可以指定是以 ASCII 还是二进制打开，与文件读写函数需要匹配。C 语言还提供了定位函数来调整读写位置以实现任意位置的读写，读写完毕后需要及时使用 fclose 函数关闭文件，避免读写位置信息的混乱。

本 章 习 题

一、单选题

1. 使用 fopen 函数创建一个新的二进制文件，要求既能读也能写，则第二个参数应该是（　　）。

   A. "r+w"　　　　　B. "w+"　　　　　C. "wb+"　　　　　D. "r+"

2. fopen 函数发生错误时，返回值是（　　）。

   A. -1　　　　　B. NULL　　　　　C. 0　　　　　D. 不确定

3. 系统的标准输出文件是（　　）。

   A. 网卡　　　　　B. 屏幕　　　　　C. 键盘　　　　　D. 鼠标

4. 假设有如下定义，则下列说法中正确的是（　　）。

```
FILE *fp;
fp = fopen("a.txt","w");
```

A. 若文件不存在，则无法将其打开

B. 文件打开后，初始读写位置取决于文件内有无内容，如有，则在文件尾部

C. 可以对文件进行读写操作

D. 会打开一个空的文本文件

5. 若 fp 是指向某文件的指针，且已读到文件尾部，则表达式 feof(fp)的返回值是（　　）。

A. EOF　　　　　　　　B. -1　　　　　　　　C. 非零值　　　　　　D. NULL

6. 利用函数 fseek 可实现的操作是（　　）。

A. 改变文件指针 fp 的值　　　　　　　B. 文件的顺序读写

C. 文件的随机读写　　　　　　　　　　D. 以上答案均正确

7. 已知函数的调用形式为 fread(buffer, size, count, fp);，则其中 buffer 是（　　）。

A. 一个整数变量，代表要读取的数据项总数

B. 一个文件指针，指向要读的文件

C. 一个指针，指向要读取的数据的存放地址

D. 一个存储区，存放要读的数据项

8. 已知有定义：FILE *fp; char str[] = "Good！"; fp = fopen("filename.dat", "wb");，则将数组 str 中存放的字符串写入名为 filename.dat 的二进制文件，需要使用的语句是（　　）。

A. fwrite(str[0], sizeof(char), 1, fp);　　　B. fread(str, sizeof(char), 5, fp);

C. fwrite(fp, sizeof(char), 5, str);　　　　D. fwrite(str, sizeof(char), 5, fp);

二、填空题

1. 根据数据存储的编码形式，C 语言中处理的数据文件通常为_____文件和_____文件。

2. 从指定文件中读取一个字符的函数是_____。

3. 判断文件指针是否已经到达文件尾部的函数是_____。

4. 程序功能：从键盘依次输入学生的信息到结构体变量 s_data 中，再将 s_data 数据写入"stu.dat"文件（stu.dat 格式为二进制文件），最后从 stu.dat 文件中读取所有学生的信息并显示：

```
#include <stdio.h>
#include <stdlib.h>
struct student
{
    char name[9];
    float score;
} s_data;
int main()
{
    FILE *fp;
    int i;
```

```
_____ = fopen("stu.dat", _____);  // 以二进制打开文件供写入数据
if ( _____ ) {
    printf("File can not be opened \n");
    exit(0);    }
for(i = 0; i < 10; i++) {
    scanf("%s %f",s_data.name,&s_data.score);
    fwrite(_____, _____, _____, _____);
}
_____;
fp = fopen("stu.dat", _____ );    //以只读的方式打开二进制文件
while(fread(_____, _____, _____, _____)==_____)
//成功读取一个结构体变量的数据，则循环
    printf("姓名：%s,成绩：%6.2f: \n", _____, s_data.score);
    //输出结构体变量中的数据
fclose(fp);
return 0;
}
```

三、编程题

1. 将用户输入的若干整数，按奇数、偶数保存在两个文件中，并且要求每个文件中的整数按由小到大顺序存放。

2. 将二进制文件 B 的内容追加到二进制文件 A 的尾部，文件 A 和 B 的文件名通过 main 函数参数输入。

3. 将一个文本文件平分成 3 个子文件。

4. 统计文本文件中的单词数量，一串连续的字母被定义为一个单词。

5. 将用户输入的用户名和密码保存在文件中，要求密码采用凯撒加密方式加密后保存。

参 考 文 献

何钦铭，颜晖，2020. C 语言程序设计[M]. 4 版. 北京：高等教育出版社.

李红，伦墨华，王强，2020. C 语言程序设计实例教程第[M]. 2 版. 北京：机械工业出版社.

裘宗燕，2019. 从问题到程序：程序设计与 C 语言引论[M]. 2 版. 北京：机械工业出版社.

谭浩强，2017. C 程序设计[M]. 5 版. 北京：清华大学出版社.

万珊珊，吕橙，邱李华，等，2019. 计算思维导论[M]. 北京：机械工业出版社.

王富强，张春玲，刘明华，2019. 案例式 C 语言程序设计[M]. 北京：人民邮电出版社.

AI Kelley，Ira Pohl，2011. C 语言教程[M]. 徐波，译. 北京：机械工业出版社.

Stephen Kochan，2006. C 语言编程：一本全面的 C 语言入门教程[M]. 张小潘，译. 3 版. 北京：电子工业出版社.

Stephen Prata，2020. C Primer Plus（中文版）[M]. 6 版. 北京：人民邮电出版社.

附　表

附表 1　ASCII 码表控制字符

二进制	十进制	十六进制	字符/缩写	解释
00000000	0	00	NUL (NULL)	空字符
00000001	1	01	SOH (Start of Headling)	标题开始
00000010	2	02	STX (Start of Text)	正文开始
00000011	3	03	ETX (End of Text)	正文结束
00000100	4	04	EOT (End of Transmission)	传输结束
00000101	5	05	ENQ (Enquiry)	请求
00000110	6	06	ACK (Acknowledge)	回应/响应/收到通知
00000111	7	07	BEL (Bell)	响铃
00001000	8	08	BS (Backspace)	退格
00001001	9	09	HT (Horizontal Tab)	水平制表符
00001010	10	0A	LF/NL(Line Feed/New Line)	换行符
00001011	11	0B	VT (Vertical Tab)	垂直制表符
00001100	12	0C	FF/NP (Form Feed/New Page)	换页符
00001101	13	0D	CR (Carriage Return)	回车符
00001110	14	0E	SO (Shift Out)	不用切换
00001111	15	0F	SI (Shift In)	启用切换
00010000	16	10	DLE (Data Link Escape)	数据链路转义
00010001	17	11	DC1/XON(Device Control 1/Transmission On)	设备控制 1/传输开始
00010010	18	12	DC2 (Device Control 2)	设备控制 2
00010011	19	13	DC3/XOFF (Device Control 3/Transmission Off)	设备控制 3/传输中断
00010100	20	14	DC4 (Device Control 4)	设备控制 4
00010101	21	15	NAK (Negative Acknowledge)	无响应/非正常响应/拒绝接收
00010110	22	16	SYN (Synchronous Idle)	同步空闲
00010111	23	17	ETB (End of Transmission Block)	传输块结束/块传输终止
00011000	24	18	CAN (Cancel)	取消
00011001	25	19	EM (End of Medium)	已到介质末端/介质存储已满/介质中断
00011010	26	1A	SUB (Substitute)	替补/替换
00011011	27	1B	ESC (Escape)	逃离/取消
00011100	28	1C	FS (File Separator)	文件分割符
00011101	29	1D	GS (Group Separator)	组分隔符/分组符
00011110	30	1E	RS (Record Separator)	记录分离符
00011111	31	1F	US (Unit Separator)	单元分隔符

附表 2　ASCII 码表可显示字符

二进制	十进制	十六进制	字符/缩写	解释	二进制	十进制	十六进制	字符/缩写	解释
00100000	32	20	(Space)	空格	01000110	70	46	F	
00100001	33	21	!		01000111	71	47	G	
00100010	34	22	"		01001000	72	48	H	
00100011	35	23	#		01001001	73	49	I	
00100100	36	24	$		01001010	74	4A	J	
00100101	37	25	%		01001011	75	4B	K	
00100110	38	26	&		01001100	76	4C	L	
00100111	39	27	'		01001101	77	4D	M	
00101000	40	28	(		01001110	78	4E	N	
00101001	41	29	)		01001111	79	4F	O	
00101010	42	2A	*		01010000	80	50	P	
00101011	43	2B	+		01010001	81	51	Q	
00101100	44	2C	,		01010010	82	52	R	
00101101	45	2D	-		01010011	83	53	S	
00101110	46	2E	.		01010100	84	54	T	
00101111	47	2F	/		01010101	85	55	U	
00110000	48	30	0		01010110	86	56	V	
00110001	49	31	1		01010111	87	57	W	
00110010	50	32	2		01011000	88	58	X	
00110011	51	33	3		01011001	89	59	Y	
00110100	52	34	4		01011010	90	5A	Z	
00110101	53	35	5		01011011	91	5B	[	
00110110	54	36	6		01011100	92	5C	\	
00110111	55	37	7		01011101	93	5D	]	
00111000	56	38	8		01011110	94	5E	^	
00111001	57	39	9		01011111	95	5F	_	
00111010	58	3A	:		01100000	96	60	`	
00111011	59	3B	;		01100001	97	61	a	
00111100	60	3C	<		01100010	98	62	b	
00111101	61	3D	=		01100011	99	63	c	
00111110	62	3E	>		01100100	100	64	d	
00111111	63	3F	?		01100101	101	65	e	
01000000	64	40	@		01100110	102	66	f	
01000001	65	41	A		01100111	103	67	g	
01000010	66	42	B		01101000	104	68	h	
01000011	67	43	C		01101001	105	69	i	
01000100	68	44	D		01101010	106	6A	j	
01000101	69	45	E		01101011	107	6B	k	

续表

二进制	十进制	十六进制	字符/缩写	解释	二进制	十进制	十六进制	字符/缩写	解释
01101100	108	6C	l		01110110	118	76	v	
01101101	109	6D	m		01110111	119	77	w	
01101110	110	6E	n		01111000	120	78	x	
01101111	111	6F	o		01111001	121	79	y	
01110000	112	70	p		01111010	122	7A	z	
01110001	113	71	q		01111011	123	7B	{	
01110010	114	72	r		01111100	124	7C	|	
01110011	115	73	s		01111101	125	7D	}	
01110100	116	74	t		01111110	126	7E	~	
01110101	117	75	u		01111111	127	7F	DEL (Delete)	删除